别说茶道

茶人眼中的茶

赖尚荣 编著

化学工业出版社

·北京·

内容简介

《别说茶道：茶人眼中的茶》于茶文化著作中别具一格，视角独特。开篇借日本《茶之书》等著作为引，剖析日本茶道，点明其对中国茶道的理解偏差，顺势弘扬中国茶道，彰显正统立场。"茶文化篇"溯源中华文化根基，解析其与茶文化现象之间的逻辑纽带，层层拨开，尽显中国茶文化底蕴。"茶艺篇"从单丛茶种植、制作、焙火工艺切入，科普茶艺。"结语篇"，作者以深厚的茶道感悟总结全书，呼应书名，深挖茶文化内核，重塑读者认知，使其感受别样的茶道解读。

图书在版编目（CIP）数据

别说茶道：茶人眼中的茶 / 赖尚荣编著. -- 北京：化学工业出版社，2025. 4. -- ISBN 978-7-122-47464-3

Ⅰ. TS971.21

中国国家版本馆CIP数据核字第2025M3M599号

责任编辑：郑叶琳   文字编辑：李 彤 刘 璐
责任校对：宋 玮   装帧设计：韩 飞

出版发行：化学工业出版社
    （北京市东城区青年湖南街13号 邮政编码100011）
印 装：三河市双峰印刷装订有限公司
710mm×1000mm 1/16 印张13¼ 字数178千字
2025年4月北京第1版第1次印刷

购书咨询：010-64518888   售后服务：010-64518899
网 址：http://www.cip.com.cn
凡购买本书，如有缺损质量问题，本社销售中心负责调换。

定 价：58.00元   版权所有　违者必究

缘起

2016年去汕头讲课，课后赖尚荣先生送我去高铁站，在交谈中，他无意中受到了启发，从此他的抑郁症开始好转。为表谢意，他报名参加了我的"国学导师班"课程，我们亦师亦友的缘分从此开始。

"国学导师班"要求写书，经过七年的准备，赖尚荣先生的《别说茶道：茶人眼中的茶》终于完成，让我这个不懂茶的人作序，着实勉为其难，但"恭敬不如从命"。

修行

茶叶是植物的修行，悟道是人的修行。不论是人还是植物，为了"成道"，必须经历一个过程，脱去以前的习气，成就一个全新的生命。

一个悟道的人必须先去掉自己的贪嗔痴，通过真信愿行，实现明心见性。赖尚荣先生的真诚、纯粹、极致、勇敢、大度、悟性高等品质，恰恰是难得的修行资源。

为了事业，他经常忘我地把自己推向极致，探索事物的规律。

境界

《别说茶道：茶人眼中的茶》以中华文化起源、生命构成和人性取向三大元素为基础，构建以生命力流向、文化理念等为方向的茶道思想体系。

悟性

赖尚荣先生对事物有天然的感觉，不论是办公司、烧建盏，还是做茶叶，都得心应手，一方面是因为他有天赋，另一方面是因为他内心干净和简单。一个从来没有烧过建盏的人，用一年的时间，就做出了世界一流的建盏，并能用理论解释其中的原理，已经是很神奇的事情，更神奇的是，他能在巅峰期，放弃烧建盏，开始做茶。

期待

一个事业需要一个理论，一个理论需要一个时代。《别说茶道：茶人眼中的茶》恰逢其时，我们相信这本书将为茶叶行业探索时代机会提供独特的思想支持。

胡大平

2024 年 9 月 29 日，深圳

茶道，这一古老且深邃的艺术，犹如一座取之不尽的宝藏，深深地吸引我不懈地探索。

在创作这本书时，我仿佛历经了一场与茶的漫长交流。虽说本书貌似是对茶道的系统性研讨，实则更多是我对茶的热爱与敬意的抒发。我期望它能犹如一杯香醇的茶，给读者带来温暖与启迪；或者成为读者探索茶道的一扇窗，让大家共同感受这个充满哲理又鲜活的茶世界。也期盼读者能于繁忙之中寻得一份宁静与从容。

接下来，我们将会一同探寻茶道的历史、茶的工艺及特性、现象与规律，一同领略茶与文学、艺术、哲学等众多领域的美妙融合，感受其在人们精神世界中所占据的重要地位，进而领略茶道之美。与此同时，我也会在书中真诚地和大家分享自己失败与成长的经历。期望读者能从我的叙述中感受到：即便身处失败之中，依然蕴藏着成长的力量。

回首往昔，我不过是个普普通通的人，没有什么辉煌成就，也没有那些令人津津乐道的传奇故事。然而，正是这样平凡的人生，却奇妙地搭建起了我与您相遇的桥梁，不得不说这本身就是一种难能可贵的缘分。

我的普通亦体现在我的创业历程中，那可谓充满了艰辛与坎坷。我曾涉足服装、化工、五金、陶瓷、软件等诸多领域，遗憾的是，都未能取得令人瞩目的成就。我的挫败感不仅仅源自事业上的不成功，更深刻地体现在我的内心世界。2014 年，我深陷抑郁症的泥沼，事业也随之坠入低谷。2016 年，我又惨遭身体疾病的侵袭，历经了漫长的吃药折磨。也正是在这一年，我有幸参加了胡大平老师的课程，初次接触到"修行"这种生活状态。

胡老师教导我们，修行需得发愿，要找到自己真心感兴趣的事物。当时，我对于所经营的化工厂、锁厂以及软件公司，都缺乏发自内心的热爱。而在探寻新的人生方向时，我惊喜地发现自己对茶有着极为浓厚的兴趣，这或许跟胡老师要求每位学生都要写书存在一定关联。那时，我承包了1500亩茶园，在打理茶园的过程中，我总结出了一些经验和感悟，这不仅成为我写书的素材，还进一步增强了我对茶的热爱与信心。至 2019 年，我回顾过去十几年的种种失败，经过深刻反思，毅然决定将茶当作我毕生的事业。

网络上流传着这样一句话："学茶三年，口出狂言；再学三年，不敢妄言；又学三年，沉默寡言。"这句话便成为我的写照。

起初的三年，我沉醉于茶的世界，研习茶的品种、产地、制作工艺以及文化。那时，我自视甚高，认为自己已然掌握了茶艺的精髓，对茶的真相知之甚多。但随着对茶的深入了解，我逐渐意识到茶的世界远比我想象的复杂得多，我早期的知识不断被新的发现所颠覆。我为曾经的轻率言辞而感到羞愧。

同时，我亦注意到许多同学在学了三年以后，也开始信心满满地向他人传授识别、购买及品鉴茶的知识，将个人经验说得笃定无疑。从"自居即迷"的道理来看，那些好为人师的人，同样并未真正领悟茶的奥秘。

在第二个三年的学习中，我开始变得谨言慎行，不再轻易发表言论，转而对茶背后的规律萌生了浓厚兴趣。这种转变不仅使我的制茶技艺得到了显著提升，也让我对茶的理解达到了新的高度。我由此联想到：人生的意义如同制茶，在不确定性中实现自以为确定的局部，从而拓展空性的边界。我开始将茶视为导师，从茶的规律和现象中汲取与人生相关的智慧。例如，茶渣在饮茶中是没有用处的，真正有用的是茶汤。而茶汤的意义在于它能给人带来舒适与健康。这与人生何其相似：人本身并非价值所在，重要的是人生。一个好人或一杯好茶的标准，皆在于其能否为他人带来舒适。这种舒适或许体现在生活的品位、社交的联结、心灵的净化，或是与世界的和谐共处中。每一个层面都代表了不同的价值与意义。

然而，许多人往往对自己的无限可能性缺乏信心，习惯于自我否定。正如中医所言："百草皆为药。"人们认识不到自我价值的主要原因是被常规需求所束缚。以茶树为例，它只需自然地吸收养分，茁壮成长。倘若你对茶树说："你可以走遍世界，滋润世人，开启人们的心扉，甚至成为别人的生计和业务……"这些都是茶树自身无法看到的。故而，人的价值往往与生存需求相悖，人的世界就只是与他生存相关联的世界。在第二个三年中，茶对我来说已不仅仅是一种饮料或业务了，它更是一种思考。

随着思考的深入，我发现自己对茶的盲区反而越来越多了。在第三个三年的学习中，我因常常无言以对而变得沉默寡言。也正是在这个时期，我在胡老师的指导与茶的启迪下，逐步构建起了自己的思想体系、模式体系等体系。

这不仅让我更深刻地认识到自己作为茶叶从业者的责任与使命，也让我在面对茶文化和茶产业的发展时更为自信。

撰写这本书的初衷，实则源于一种无奈，因为写书的作业对我来说太过艰难。然而，随着写作的深入，我意识到这不仅能帮助我打破沉默寡言的状态，还能释放我内心的积虑和思考。

通过这本书，我将向您汇报我的学习历程，书中的点点滴滴，皆是我成长历程的见证。由于水平有限，我的言语表达或许不够规范，还望读者们谅解。倘若您愿意提供宝贵的意见和建议，我将不胜感激。

让我们在茶香的萦绕中，开启这段美好的阅读之旅，共同品味茶的魅力与奥秘。期待着与您一起在茶的世界中遨游。

赖尚荣

2024 年 9 月

目录

第一章

茶道篇·漫说《茶之书》

第一节 缘起

2019 年 5 月 18 日, 我有幸参加了日本第六十四届全国煎茶道大会。在这场大会中, 我不但欣赏到了日本茶道艺术家们的精彩表演, 还体验了丰富多样的茶文化。其间, 我与一位日本茶师展开了对话, 他提出了这样一个观点: "世界上诸多国家的人都在饮茶, 但唯独在日本, 才有茶道。" 这着实令我颇为诧异。

出于好奇, 我进一步询问他: "您如何界定'只有在日本, 才有茶道'? 这是否为日本茶道界的普遍看法?" 茶师并未直接回应我, 而是以微笑和回避的方式, 顾左右而言他。

我继续探问: "您对其他国家的茶艺和茶文化, 比如中国的, 有何看法?" 茶师依旧没有直接作答, 其态度似乎透露出些许不悦, 甚至通过翻译人员传达了他的感觉, 认为我的提问"不怀好意"。

我对此深感困惑, 不确定是否是翻译上出现了误解。我留意到, 尽管那位茶师在与他人交谈, 但他似乎颇为关注我和翻译人员的对话, 不时朝我们这边投来目光, 他也因此而显得有些尴尬。我亦感到了尴尬, 因为我猛然意识到自己或许欠缺必要的礼仪知识, 而且我的提问可能无意间引起了他人的不适，这让我心生自责。我反思自己的提问方式，好在我确定自己并无恶意，或许在这种情境下提出这样的问题确实不太适宜。

随后，我观察到茶师虽面带微笑，但其中似有一种难以言喻的高傲，这使得他即便处于尴尬之中也显得从容。这让我心头一震，我意识到自己修行不够，因为我竟从他的微笑中读出了高傲，且感受到了一种"不怀好意"的态度。我恍然明白了他之前所指的"不怀好意"，也许我此时的揣测才是真正的"不怀好意"。我深刻反省了自己，期望我的解读是错误的，如同他误解我的初衷一般。由于语言沟通的障碍，我未能有机会向他表达我的歉意。

出于对"只有在日本，才有茶道"这一观点的重视，我在互联网进行了一番检索。检索结果表明，近些年来，关于"茶道"的描述几乎都与日本紧密相连。我留意到，部分中国网民对某些"日本茶道大师"轻视他国茶道的态度义愤填膺，这种情绪甚至波及日本茶界的知名人士。

为深入探究"日本茶道"与"中国茶道"的关联，我阅览了大量涉及日本茶道及其历史的典籍，并与日本茶界的一些友人进行了深入交流。经对比分析，我坚信茶道起源于中国，这是毋庸置疑的事实。然而，一些日本茶人坚持认为"茶道诞生于日本"，这背后有着复杂的历史和文化原因，尽管这种观点并不正确。

首先，在日本茶界，普遍认同茶文化起源于中国，但对于中国茶文化能否被称为"茶道"存在争议。其中一种观点认为，中国并未广泛使用"茶道"这一称谓，尤其是在当今时代，似乎没有广为人知的"茶道"形式。另一种观点则认为，中国人的饮茶习惯过于世俗化，不足以称为"茶道"。

针对第一种观点，我认为，中国人对"道"字的运用极为谨慎，这体现了对"道"的尊崇与敬仰，同时也反映出对"道"之境界的高远追求。而且，在中华文化中，"道"是一个难以用言语精确阐释的概念，正如《道德经》所言："道可道，非常道。"

老子对这个"道"进行了大致阐释："有物混成，先天地生。寂兮寥兮，独立而不改，周行而不殆，可以为天下母。吾不知其名，字之曰道，强为之名曰大。大曰逝，逝曰远，远曰反。"

我尝试作如下解释：有一种冥冥之中的能量，其诞生比天地更早，寂寥仿若虚空，独立运行而不受任何作用的影响，生生不息，它孕育出万事万物。我不知道它的名字，只能用现有的语言文字尽量贴切地表达我对它的定义，姑且称它为"道"吧！如果非要我形容它的无所不包、无处不在，姑且说成"大"吧！我说的这个"大"是无限长久，而这个"无限长久"亦涵盖了无限广阔，我所说的这个"无限长久与广阔"又涵盖了反方向的无限小（其小无内）。

基于以上诸多原因，中国人不会轻易将自身的技艺称为"道"，这也体现了中国人的谦逊品质。即便如此，当某人的技艺达到一定的境界时，外界仍会尊称其为"道"或"有道"。例如，在唐代的《封氏闻见记》中，有这样的记载："楚人陆鸿渐为茶论，说茶之功效，并煎茶、炙茶之法，造茶具二十四事，以都统笼贮之。远近倾慕，好事者家藏一副。有常伯熊者，又因鸿渐之论广润色之。于是茶道大行，王公朝士无不饮者。"这一文献充分证明了中国在唐代就已经存在"茶道"这一称谓。此文献中还提到一个故事：话说唐朝时期，一位御史大夫李季卿在宣慰江南之际，抵达临淮县，听闻当地人言常伯熊精于茶，于是邀请他进行茶事表演。只见常伯熊，身穿黄色茶衫，头戴纱帽，手持茶器，口通茶名，熟练流畅且动作优美；区分指点，令左右刮目。后来，又有人称陆羽亦为茶之高手，李季卿便又邀请陆羽来表演茶事，只见陆羽穿着俭朴的平民衣服，随身带着茶具，操作程序和常伯熊的差不多，但是动作不优美、器具不精致。李季卿有点瞧不起他，喝完茶就让手下取了三十文钱赏给陆羽。这让陆羽深感羞辱，回家就写了一本《毁茶论》。

然而，世人普遍认为陆羽的茶是道，其境界远超常伯熊。或许常伯熊也深知自身不足，故而将陆羽的茶道加以润色宣传，成为陆羽茶道极为有力的推广者之一，最终促使饮茶在唐朝蔚然成风。

此外，唐代僧人皎然在其《饮茶歌诮崔石使君》中写道："孰知茶道全尔真，唯有丹丘得如此。"这进一步为中国茶道的历史早于日本茶道至少数百年提供了有力佐证。

关于第二种观点："中国人的饮茶习惯过于世俗化，不足以称为茶道。"这或许是日本茶人对自身茶道仪式的强烈自豪感所致。然而，茶道并非单一的形式或表述。而且，中日两国文化在"高级"的界定上存在差异。我们不妨仍旧借助上文提及的故事进行深入的交流与探讨。该故事还体现出一种深刻的文化理念：从古至今，中国人对那些仅注重外表或形式的人和事物都报以鄙夷的态度。

然而，在各个历史时期，似乎总会出现一些被视为"上流"的浮华风尚，这些风尚受到某些群体的极力追捧，而且他们自视甚高，甚至对主流文化的形式和价值观加以贬低。颇为有趣的是，这些所谓的"上流"风尚往往存续的时间极为短暂，有的只是昙花一现。相比之下，通俗的主流文化却展现出更强大的持久性与生命力。因此，"主流"群体往往不会对那些"上流"群体的行为予以干涉或批判。这种文化态度也诠释了中国人对于"道"的包容式理解：中国人既不反对他人将各种形式和仪式冠以"道"之名，也不对"道"的定义加以限制。

在我看来，日本茶道和中国茶道均具有独特魅力与深远价值，共同构建了世界茶道文化的绚丽多彩之貌。站在文化贡献的立场，我对日本茶道所弘扬的精神表示尊敬与赞赏，它为人类生活带来了美好的体验与深刻的价值内涵。我们应当尊重每一种茶道文化的发展进程及其独特性，欣赏每一种茶道文化所展现的不同价值，并从中汲取有益的经验和启示，而不是去强调或追求所谓的"上流"或"高级"。

对于这两大观点的形成，除了上述原因，或许还与日本茶道代表性人物的认知以及其对外宣传的方式有关。上文的故事让我联想到了日本的茶学著作《茶之书》亦对此有所描述："《茶经》的问世，于当时影响甚大，众多陆氏的倾慕者亦纷至沓来。据传，有一官员因不识陆氏茶味而'名垂青史'。"这里的

"名垂青史"实则是作者对官员李季卿的讽刺，嘲笑他只倾心于茶道的外在形式，却未能领会茶道的真谛。由此引出一个问题：本书作者冈仓天心❶的这种讽刺，是否同样适用于评判当今日本茶道界对中国茶道的某些观点？

为了更深入地理解这些问题，我强烈推荐大家阅读冈仓天心所著的《茶之书》。在接下来的论述中，我将引用该书的部分观点，来探讨日本茶道以及冈仓天心对中国茶道和中华文化的见解。

《茶之书》是一部极具影响力的日本茶学佳作，它不仅对日本茶道进行了详尽的介绍，还对中国茶道及中华文化进行了深入的评论。书中的观点在很大程度上塑造了日本茶界的主流理念。然而，作者在描绘中国茶道与中华文化时，似乎存在一定程度的误解。这或许是语言和文化的障碍，导致其对源远流长、博大精深的中华文化的理解出现了偏差。

即便如此，从文化视角和写作技巧来看，《茶之书》无疑具有极高的艺术价值，其精妙绝伦之处令人称叹。对于作者因文化差异而对中国茶道作出的某些有待探讨的描述，我深感遗憾，但对于冈仓天心的才华，我依旧怀有深深的敬意。

作为一名茶人，在研读了《茶之书》之后，我尝试表达自己对茶道的理解与感悟。同时，我将这些见解整理成书。鉴于我的观点及论述纯属个人之见，所以我将本书命名为《别说茶道：茶人眼中的茶》。我真诚地希望广大茶人能够对我的见解提出批评和建议。

---

❶ 冈仓天心（1863—1913），日本著名的美术家、艺术家、思想家及教育家，在日本近代文明启蒙时期扮演了举足轻重的角色。他的代表作《茶之书》用英文撰写，并于 1906 年在美国出版，随即在国际上引起了广泛的关注和讨论。这本书不仅受到知识界人士的推崇，还被选入美国中学教科书，并逐渐传播至欧洲，被翻译成德语、法语、西班牙语、瑞典语等多种语言，成为推广日本茶道及东方文化的重要文献。

在《茶之书》中，冈仓天心勾勒出了他所理解的中国形象，使得这部作品成为西方了解东方，尤其是中国的一个重要媒介。

值得注意的是，尽管这本书对国际文化交流产生了深远的影响，但它在日本本土的普及却稍晚。《茶之书》直到 1922 年才被翻译成日文，并在日本公开发行。而中文版的出版则更晚，直到 1945 年，才有人将日文版翻译成中文，并在中国出版。

第二节 日本茶道的历史

日本学者桑田忠亲提出："茶道"一词实际上是"茶汤之道"的简化。茶汤的起源可追溯至中国宋代流行的一种饮食文化和游艺活动。这一活动在镰仓时代初期传入日本，并逐渐与日本本土文化相融合，形成了具有日式风情的"茶汤"游艺。到了室町时代中期，经过村田珠光的不懈努力，"茶汤"技艺得到了进一步的发展，并最终演变成了今天我们所知的茶道。

《茶之书》中对日本茶道的历史是这样描述的：

"8世纪中叶，茶道的鼻祖陆羽出现……陆羽创立了茶道。

"公元729年，圣武天皇在奈良王宫赐茶百僧的事载于史籍。茶叶当是由遣唐使从中国带回……

"公元801年，最澄禅师将从中国带来的茶种植于比叡山……

"公元1191年，赴中国学习南方禅宗的荣西禅师将宋茶引入日本……宋朝的茶仪和茶学理念也风行日本各地。

"15世纪，在将军足利义政的大力提倡下，日本茶道脱离佛教，正式确立了专属世俗风情的一套仪礼，至此日本茶道正式问世。之后中国出现的煎茶，我们也是在17世纪才有所了解。如今，虽然在日常生活中煎茶已经取代了抹茶❶，但后者仍旧是代表日本文化的'茶中之茶'"。

冈仓天心在论述日本茶道的历史渊源时，明确指出"陆羽乃茶道之鼻祖"，并表明"茶道诞生于中国"。这一观点在《茶道六百年》等诸多日本茶学著作中也得到了广泛认同。

在研究日本茶道历史时，除了按照时间顺序，以关键人物为核心来研究其历史轨迹也具有重要意义。

在日本茶道的发展过程中，村田珠光通常被视为日本茶道的鼻祖，武野绍鸥被认为是茶道的中兴之人，而千利休则是茶道文化的集大成者。

然而，在村田珠光之前，能阿弥作为茶道的奠基人之一，他的贡献以及历史意义同样不容忽视。能阿弥乃是村田珠光的师父。在《山上宗二记》❷中有言："能阿弥乃同朋之中名人也。"据此可断定，能阿弥乃是一位杰出的茶艺大师。《茶道六百年》中指出，能阿弥不仅精于唐物鉴别，还深谙连歌、水墨画、插花等艺术。其著作《君台观左右帐记》展现出他在唐物鉴赏领域的高水准与社会影响力。在水墨画方面，能阿弥起初善于仿效中国宋元时期的画作风格，为后续日本茶道中的侘寂美学筑牢了根基。同时，他确立了书院装饰、台子点茶的礼仪及形式，提升了茶事活动的艺术层次。他的茶事活动传承了中国唐宋时期皇室娱乐与上流社会的礼仪遗风。

《茶道六百年》一书提到，村田珠光作为能阿弥的弟子，曾跟随其学习立花技艺与唐物鉴别法。其后，村田珠光又向大德寺的一休和尚学习禅宗，历经了深刻的参禅历程，由此获得了深刻的领悟。村田珠光领悟到"佛法亦在茶汤中"，进而确立了"茶道❸"，并得到了一休和尚的认可。一休和尚

---

❶ 抹茶，起源于中国魏晋时期，其制作过程包括采摘春季嫩茶叶，将嫩茶叶用蒸汽杀青后制成饼茶（团茶）保存。饮用前，将饼茶烘焙，用石磨碾成粉末，倒入茶碗中，加入沸水，并用茶筅充分搅动，直至形成丰富的泡沫。到了宋代，抹茶的饮用方式变得流行，并发展出了斗茶文化，并对日本的茶道和韩国的茶礼产生了深远的影响。

❷ 《山上宗二记》由千利休的高徒山上宗二于千利休势力最为鼎盛的时期著成，相对完整地记载了村田珠光的茶道理念。也就是说，此书乃是获得了千利休认可的且最为可信的记录日本茶道正宗理念的文献。

❸ 尽管通常认为"日本茶道"是由村田珠光所开创，但实际上，村田珠光、千利休以及他们同时代之人皆未曾运用"茶道"这一称呼。他们所践行的乃是一种被称作"茶汤"的仪式。至于"茶道"这一称谓，则是后来之人出于对"茶汤"这种仪式的美化而产生的。

向村田珠光赠予了圆悟禅师的墨迹，即著名的"茶禅一味"，据说这幅墨迹当下仍收藏于东京国立博物馆。能阿弥对村田珠光的茶艺极为赞赏，因而将他荐举给了当时的将军足利义政。

村田珠光所倡导的茶汤之法，与能阿弥所注重的严格形式主义有所不同，他更侧重于茶的精神内涵。村田珠光将能阿弥的唐物鉴赏文化与一休和尚的禅学思想加以融合，构建了以物哀、幽玄、侘寂为核心的价值取向，因而被尊称为日本茶道的奠基人。

村田珠光对"茶道"形式进行了大胆的变革，打破了一些传统规矩。例如，就日本茶室的进出方式而言，往昔的惯例是将军等显贵之人从较为宽阔的"贵人门"进入，而身份低微之人则需从类似狗洞的"窝身门"（现代称作蹭口，标准尺寸为高 66 厘米、宽 63 厘米）屈膝爬行而入，此种做法凸显了显著的阶级差异。然而，村田珠光主张不论身份高低，所有人皆应从"窝身门"进出，以此彰显人人平等的价值观念。这一理念同样体现在洗手池等设施的使用上。

村田珠光还特别强调了茶客行为举止的重要性。他指出："客人之举止，关系到一座之建立。"其意为，客人的行为举止，直接关系到整个茶会的氛围。村田珠光还强调："即使寻常之茶，自入茶院起至出茶院，皆如一期一会，敬畏亭主。"意思是说，从进入茶院那一刻起，一直到茶事结束离开茶院，都要认为这是此生唯一的一次相会，并以此心情去敬畏主人。

并且，村田珠光也提及了主人的举止："茶会之常客，亦应待其如名人。"也就是说，即使是普通平凡的客人，主人也要将其视作名人来对待，此乃作为主人的礼仪，要以人人平等的思想去敬重他人。

在茶室建筑风格方面，村田珠光将传统的书院建筑与日本本土的质朴风格相融合，推进了茶室设计的本土化进程。由此，一种被称作"数寄屋"的草庵茶室风格逐步形成，而村田珠光的茶汤也因此被称为草庵的"侘茶"。

同时，村田珠光对草庵茶室的内部装饰也进行了创新。他将一休和尚所赠予的"茶禅一味"悬挂在茶室的点茶之处，这一做法引领了茶室中悬挂书法作品的潮流。这在当时是一个创新之举，因为在村田珠光之前，茶室内的主要装饰是中国的佛画或以山水、花鸟、人物为主题的水墨画。

武野绍鸥被视为日本茶道史上的第三位大师。据《山上宗二记》记载，武野绍鸥是继村田珠光、鸟居引拙之后的著名茶人，他的老师是村田珠光的弟子藤田宗理和十四屋宗悟。传说武野绍鸥是在观赏了徐熙的《白鹭图》之后，深刻领悟了村田珠光所倡导的侘寂美学，这一点也得到了千利休的认可。后来，便流传起了"不见白鹭之画非茶人"的说法。

在三位茶汤名人当中，鸟居引拙的茶道风格与村田珠光相似，而武野绍鸥则带来了显著的变革，被誉为茶道的"中兴者"。村田珠光反对将带有恋情的和歌悬挂于茶室之中，而武野绍鸥却打破了传统的束缚，率先将带有恋情的和歌引入茶室。并且，武野绍鸥在插花、饮茶、学术研究等方面也提出了各种创新的理念。

此外，《山上宗二记》中记载："当代无数之茶具，皆出自绍鸥之'目明'。"也就是说，成千上万的新茶具，都是被武野绍鸥的明眼发现后才成为茶具的。例如，绍鸥天目、绍鸥茶勺、绍鸥枣、带门茶橱、曲面桶、土风炉、备前面桶、棒先水翻、竹藤炭筐、竹制吊钩、钓瓶水指等。然而，这些发明后来都被归于其徒弟千利休的名下。由此可见，武野绍鸥不但是一位伟大的茶人，也是一位称职且伟大的师父。

千利休被视为日本茶道的集大成者。他不仅继承了师父武野绍鸥的创新成果，还借鉴了儿子千道安、千少庵的茶器发明。更为重要的是，他深刻地领悟并传承了村田珠光的茶道理念。

千利休年轻时，对村田珠光极为敬仰，他不惜斥巨资购买村田珠光用过的"名物"（著名的茶具），置于自己的茶席中。千利休深入研究村田珠光的茶道，并将其尊为"茶道开山鼻祖"。

在千利休所处的时代，要成为茶汤名人，必须身兼"数寄者"与"茶汤者"之身份，同时要拥有唐物，并立志于茶道。这意味着，唯有那些具备艺术构想、创意以及鉴别能力，拥有唐物茶具且全心全意投身茶道的茶师，方可被称作茶汤名人。在千利休之前，仅有村田珠光、鸟居引拙和武野绍鸥满足这四个条件。故而，千利休被丰臣秀吉赐予"天下第一茶人"的称号，并获得了三千石的俸禄。这一殊荣促使千利休在改革茶道理论时皆以"天下第一"为准则，持续追求卓越，令茶道的仪式感与艺术性得到了显著提升。彼时，所有有志于茶道之人皆以千利休为楷模，立志成为"天下第一"的茶人。

千利休对茶道的重大贡献之一在于其将茶道推向了前所未有的社会高度。他巧妙地将茶道融入了政治、军事、经济、科技、文化等多个领域，极大地拓展了茶道的影响力。

在政治层面，千利休担任政治和外交顾问等重要职务，甚至有些大名（领主）想要向秀吉进谏，也需要通过千利休来呈报。千利休在当时的社会地位之高，可以说是前无古人、后无来者。

关于千利休茶道在军事方面的影响，有这样一段描述："千利休的茶有一种力量，茶叶被从树枝上摘下来，死了一次，然后，被制成茶叶，打碎，又死一次，最后，被放入滚烫的水中，再死了一次，但却如同苏醒和复活，被一口一口喝进不同的人的口中，产生美和力量。茶是没有选择的，每一次都是被选择，在这被动之中，呈现出美和力量。这种'死也是一种美和力量'的哲学观念可以激励即将上战场的将士，穿上戎装，喝了茶，即便战死也毫无遗憾。"

每次阅读这段文字都能让人感受到积极向上的力量。这只是千利休茶道在军事方面产生影响的一个例子，还有许多其他事例，在此不作赘述。

除了经济、科技、文化等方面，千利休茶道的影响也体现在建筑、陶器、漆器、竹器、园艺、花木、雕刻以及书画等多个领域。尤其是在艺术审美与匠心精神方面，茶道的影响更是深远。

如果说千利休是因政治而成功，那么他也因政治而衰败，他的垮台对千利休茶道的发展产生了深远的影响。千利休的后代在茶道界的影响力大大减弱，整个江户时代都没有太大的作为。同时，日本茶道界因理念的多样性而分裂成众多流派。导致这种分裂的一个重要原因是代表千利休流派的《南方录》与代表村田珠光流派的《山上宗二记》两部茶道秘笈同时传世，它们分别代表了不同的茶道理念，从而在茶道界埋下了派系之争的种子。千利休的门徒众多，其中不乏名人，这也导致了众多分支流派的产生，而背后更深层次的原因则是对利益的争夺。

例如，古田织部、小堀远州、片桐石州等人都是村田珠光茶道的推崇者，并主张武野绍鸥的改革精神。古田织部作为千利休极为看重的弟子，却被千利休的后人排除在"利休七哲"之外，这反映出当时流派间理念的冲突。后来，由于古田织部的名声和成就过于卓越，千家第四代传人江岑宗左又将他纳入"七哲"之中。

小堀远州和片桐石州也因他们的创新改革而受到千利休之孙千宗旦的批评。千宗旦提出："近期茶道过于追求华丽，是否可以适度控制这种趋势，让千利休居士的茶道精神得以回归？"然而，片桐石州在《一叠半的秘事》里直接批评了千宗旦，他认为千宗旦为完成"侘茶"确实做过各种努力，但他没有得到千利休所传的五条秘笈，更不用说村田珠光的一叠半秘笈了。因此，他批评千宗旦的茶道并非真正的"侘"，因为有太多的人为因素。他在书中还强调："茶道界的前辈说，人为的'侘'不是真正的'侘'，自然的'侘'才是真正的'侘'。"

从现实情况来看，片桐石州的评价既尖锐又中肯，它准确地指出了千宗旦茶道面临的核心问题。这并不令人意外，因为当今日本茶道的主流代表正是千宗旦及其子孙所创立的"三千家❶"。三千家延续了千宗旦的理念，并采用子孙

---

❶ 三千家：自千利休在丰臣秀吉的命令下剖腹自尽之后，千家流派便趋于消沉。直至千利休之孙千宗旦时期才再度兴盛起来，因此千宗旦被称为"千家中兴之祖"。千宗旦之后，千家流派开始分裂，最终分裂成了三大流派，即"表千家""里千家""武者小路千家"，又被称为"三千家"。几百年来，"三千家"始终维持着日本茶道正宗的地位，为日本茶道的发展与传播发挥了重大作用，是日本茶道的栋梁和中枢。目前以"里千家"最为有名，势力也最大。

世袭制度。到了明治时期，得益于千利休的名声，又逢将军、大名、武士阶层纷纷没落，原本为町人茶道的三千家，自然成为全国的茶道中心。然而，尽管三千家又开始兴盛，但其影响力和艺术成就再也无法与千利休时代相提并论。

如果说千利休的人生因政治而起伏，那么日本茶道却因千利休而改变。其表现之一便是日本茶道自千利休之后都姓了"千"。如果一种文化或精神都要依靠血缘的传承来维持其正统性，必然会阻碍对人才的吸纳，并因此遭到诟病。思想的保守和仪式的僵化会变得显而易见，其后代也会因为所谓的身份而变得傲慢和堕落。这或许就是日本茶道今天所呈现出来的状态。

从日本茶道的成功中，我们可以总结出几个关键因素：大师们的个人能力、茶道形式的伟大、政治的力量。显然，政治的利用和推动在茶道的发展中起到了不可忽视的作用。这一点在煎茶道的历史中也有所体现。

《茶之书》中记载，17 世纪时，煎茶在日本日常生活中取代了抹茶。这一变化主要归功于中国明代的隐元禅师❶。他在 17 世纪东渡日本，将中国的煎茶法带到了日本，并逐渐发展为现今的煎茶道，成为日本社会饮茶习俗的主流。

隐元禅师在日本京都创立了黄檗山万福寺，并推广了临济宗的禅宗思想，使日本禅宗得以从长达三百年的衰落中复兴。但他所传授的"临济禅"与当时日本固有的"临济禅"和"曹洞禅"有所不同，因此在日本被尊称为黄檗宗。

黄檗宗最终成为日本禅宗的三大派之一，并对日本的禅学、医学、诗词、音乐、书法、绘画、习俗等多个领域产生了深远的影响。同时，煎茶道也与政治相结合，超越了茶文化意义的本身。

---

❶ 隐元禅师：中国明代福建福清的高僧，俗名林隆琦，出生于 1592 年。1620 年，其于福清黄檗山万福寺出家。他一生饱读三藏佛典，严守戒律、精心钻研禅学。应长崎佛教界的四次邀请，他于 1654 年率领众弟子，搭乘郑成功部下的兵船，远渡重洋前往日本弘扬佛法。在日本期间，隐元大师不仅传播了佛学教义，还带去了先进的文化与科学技术，对日本的建筑、雕刻、绘画、书法、篆刻、印刷、语言、文学、饮食、医药等众多方面产生影响，为日本江户时代的社会与经济发展发挥了重要作用。这些被后世学术界综合称为"黄檗文化"。

　　从《茶之书》对日本茶道历史的阐述中，我们得知日本的"抹茶道"和"煎茶道"均起源于中国，无论是在精神层面还是形式层面，都是如此。因此，对于日本茶人宣称的"茶道起源于日本"的言论，无需加以驳斥，毕竟傲慢的自欺最终只会让自己受损。桑田忠亲也曾评论道："现代社会中傲慢的主人实在太多，主要是因为他们认为自己是了不起的茶道老师。"这种傲慢或许源于他们对茶道仪式的本土化创新以及在精神层面的应用。如果要深入探究日本茶道的本质，不妨借助一个哲学故事"忒修斯之船"❶来进行思考。

---

　　❶ 忒修斯之船：最为古老的思想实验之一，最早出自普鲁塔克的记述。假设有一艘能够在海上航行数百年的忒修斯之船，在航行中接连不断地对其进行维修和部件的更替。但凡有一块木板损坏，就会被替换，如此这般，一直到所有的部件都不再是最初的那些了。这时所面临的问题是，最终产生的这艘船到底还是不是起初的那艘忒修斯之船，抑或成为一艘截然不同的船？假如不是原来的船，那么到底在什么时候它不再是原来的船了？后来，哲学家托马斯·霍布斯对此进行了延伸，如果用忒修斯之船上取下来的老部件来重新建造一艘新的船，那么两艘船中哪艘才是真正的忒修斯之船？

第二节

日本茶道的精神

探讨日本茶道精神的本质实非易事，因为就算是在日本本土，乃至茶道界内部，对此话题都存在着广泛的争议。尽管观点繁杂多样，但在某些方面还是能够达成普遍共识，好比将日本茶道的核心精神归纳为"和、敬、清、寂"，即"四规"或者"四谛"，这是构成日本茶道精神的基石。我收集并整理了互联网上以及相关文献中有关这四大原则的主流阐释和观点如下。

在日本茶道中，"和"代表着和谐与和悦，它贯穿于茶道的整个实践过程。在物质层面，和谐在茶室的环境设计中得到体现，不管是园林布局、茶室陈设还是礼仪规范，都旨在营造一个平等无阶级的和谐氛围。在精神层面，和悦强调的是参与者之间情感的融洽，茶室成为一个超越社会阶级的交流平台，让不同身份的人能够平等交流，体现了人际关系中的和睦与尊重。正是这种和谐的精神，塑造了茶室独特的氛围。

"敬"代表尊敬、敬意和敬业。茶道深受禅宗"心佛平等"观念的影响，认为每个人的内心都蕴含佛性，万物皆有灵性，从而提倡相互尊重。在茶事中，无论是主人还是客人，都应持有对彼此的尊重和敬意。这种尊重不仅是外在的礼节，更是一种内在的敬仰。敬业则要求参与者全心全意地投入每一次茶事活动，用心灵去感受，用情感去沟通，将茶事视为一种神圣的仪式。

"清"代表着清洁和清净。茶道强调主客双方应追求行为的清净和纯洁，保持茶具的清洁、环境的幽雅，以帮助人放下世俗的烦恼，以清净之心体验茶道的深远意境。茶人们在迎接贵客前会细致地清理茶院，用抹布擦拭茶院里的树叶和石头，保持茶室一尘不染，甚至连烧水用的木炭都会提前一天清洗。这些细节反映了通过外在的清洁来达到内心清净的过程，是对灵魂净化的一种追求。

"寂"是一种境界，指内心沉静、空灵，没有杂念和烦恼的状态。这种状态是茶道的最高境界，它激发了人们对生命意义的思考。在佛教中，"寂"为空无和涅槃的意思，蕴含着一种"物哀"的精神。"寂"即茶人或修禅者完成对一切事物的否定后，进入一个无声无色的世界。在艺术领域，"寂"被视为艺术创作的源泉。当茶人们摒弃了所有固有的审美价值观、冲破了思想的束缚时，新的艺术作品和表现形式便会涌现出来。它要求茶人忘却一切，创造新的艺术天地，构建理想的社会。

日本茶道文化无疑是引人入胜的，我每次阅读这些内容时都感到无比陶醉。我对这一文化在丰富人类美好生活方面的贡献怀有极高的敬意。正因如此，日本茶人对其茶道仪式和精神的自豪和骄傲是可以理解的。但是，如果这种骄傲被升级为傲慢，那么"骄傲"一词就要从褒义转变为贬义了。

然而，从某些社会现象来看，日本茶人展现出的傲慢态度背后也存在一定的客观缘由。自从日本茶道的"和、敬、清、寂"四谛被广泛知晓并传入中国后，便引发了模仿现象。部分茶文化"专家"对这些内容稍加改动，便宣称其为中国的茶道精神。例如，将其改为"和、敬、廉、美""和、敬、精、乐""清、敬、怡、真"等。如此行为必然招致日本茶人的嘲笑与讥讽。若是在模仿的基础上能够实现超越，那或许也有人会称赞。可抄袭者"买椟还珠"，硬是把追求"超脱世俗"的字换成了"超世俗"的字。

此外，也有一些人对日本茶道精神进行了重新解读，还自认为这是一种更为深刻的理解。如果这种诠释是出于文化交流或者学术探讨的目的，本也无可厚非。然而，当这些别样的诠释被直接冠上"中国茶道精神"之名，却忽略了对原有文化的深层价值理解与尊重时，就容易引发日本茶道界的不满与批评。这种行为被视为剽窃或者自欺欺人，从而遭到外界的指责。

举个具体例子来说，曾有人向我表述了其对"和、敬、清、寂"的独特看法，并且还对其进行了重新排列，以下是相关内容。

"清"在《说文解字》中的释义为"朗也"。朗者，明也。其本义描述的是水的清澈透明。形而上的"明"就是"见性"，因此，"清"即知万象、知规律与缘起性空的本质。"清"是"知"的层次。

"敬"在《说文解字》中的释义为"肃也"。肃者，持事振敬也、恭也、戒也、进也、疾也。其本义涉及肃穆、尊敬、自我警戒和反省。在茶道中，这表现为一种自我约束和反省的态度，是对"行"的体现。

"和"在《说文解字》中的释义为"相应也"。其本义指的是不同事物因某些一致性而达到的和谐统一。在茶道中，"和"体现为对万物缘起性空的认识和接纳，是一种无分别的心态，涉及和平、和气、和悦以及和谐等概念。"和"是"合"的水平。

"寂"在《道德经》中是对"道"的一种描述，指的是恒常不变、如如不动的状态。这与禅宗中"一切即一"的理念相呼应。在茶道中，"寂"是"一如"的境界。

从这个角度来理解"和、敬、清、寂"更多的是表达茶道的修行实践和"知行合一"的理念，尽管这种表述与禅理更近了一步，然而，它并不能代表日本茶道精神且不等同于茶道本身，充其量也只能作为其个人的修行应用而已。

举这个例子只是为了说明知识性的东西没有绝对的权威，每个人都可以有不同的理解。

为何"和、敬、清、寂"会有这般众多的解读，且没有任何一种诠释能令整个茶道界全然信服呢？在我看来，这四个字不过是茶道传承过程中的衍生之物，其最初的含义已难以确切追溯。就我所查阅到的资料而言，茶道核心精神更多被归结为"侘"，并且在各类有关日本茶道的文献里均未发现有确切证据表明千利休明确提出过"和、敬、清、寂"的主张。尽管当下社会的主流观点认为：千利休是在村田珠光的'谨、敬、清、寂'基础上，把'谨'字改成了'和'字。但遗憾的是，连村田珠光明确提出"谨、敬、清、寂"这四个字的证据都难以寻得。虽说村田珠光的茶道精神涵盖了这些理念，但"和"的概念在其相关文献中也频繁出现，可见，将"和"字的凝练归功于千利休恐怕还是略显草率。

也有日本茶道学者觉得这是千利休后人对茶道的一种解读抑或伪造。桑田忠亲在《茶道六百年》中写道："虽然《南方录》等所谓利休流派的茶道秘笈广泛流传于世，但多是后人的伪作，存在不少来历不明之处，像是后世的茶人随意拼凑而成。"

不过，从村田珠光的众多资料里，完全能够察觉到其对于"敬、谦、和、寂"等精神的主张。比如村田珠光写给其徒弟古市播磨法师的一封信中提及，此道最忌自高自大、固执己见。嫉妒能手，蔑视新手，最最违道。须请教于上者，提携于下者。此道一大要事为兼和汉之体，最最重要。目下，人言遒劲枯高，初学者争索备前、信乐之物，真可谓荒唐之极。要得遒劲枯高，应先欣赏唐物之美，理解其中之妙，其后遒劲从心底里发出，而后达到枯高。即使没有好道具也不要为此而忧虑，如何养成欣赏艺术品的眼力最为重要。最忌自高自大、固执己见，但又不要失去主见和创意。成为心之师，莫以心为师。此非古人之言。

从村田珠光原话"事事需谨慎，处处关照人"，以及"真心爱洁净"当中，也能够看到"谨、和、敬、清"的表述。尤其是村田珠光所倡导的"侘"，其本身就蕴含着无尽的"和"。

众多例证皆表明了村田珠光在"茶汤"中对于"谨、和、敬、清、寂"的主张，于此不再逐一罗列。

那么为何我会说日本茶道的精神远比"和、敬、清、寂"所诠释的深刻得多呢？我们不妨来看一下千利休的茶道理念。在《南方录》中有一些关于千利休语录的记载："以台子茶为中心，茶道里有很多点茶规则法式，数也数不清。以前，茶人们只停留在学习这些规则法式上，将这些作为传代的要事写在秘传书上。我想以这些规则法式为台阶，立志登上更高一点的境界。于是，我专心致志参禅于大德寺、南宗寺的和尚，早晚精修以禅宗的清规为基础的茶道。精简了书院台子茶的结构，开辟了露地的境界、净土世界，创造了两张半榻榻米的草庵茶。我终于领悟到：搬柴汲水中的修行的意义，一碗茶中含有的真味。"

千利休曾说，草庵茶就是生火、烧水、点茶、喝茶，别无他样。这样抛去了一切的赤裸裸的姿态便是活生生的佛心。如果过多地注意点茶的动作、行礼的时机，就会堕落到世俗的人情上去，或者落得主客之间互相挑毛病，互相嘲笑对方的失误。

他还说道，草庵小茶室的茶汤，第一目的，是依佛法修行得道。以豪华的家居、美味的饮食为乐，是世俗之事。屋不漏雨、食可果腹，足矣。此乃佛之教诲，也是茶汤的本意。

《茶之书》中也描述了一个关于千利休教人打扫茶室的故事。一次，千利休的儿子千少庵在洒水打扫露地时恰巧被千利休看到，在千少庵扫除完毕后，千利休觉得不够干净，吩咐千少庵重新打扫一遍。千少庵只好又继续打扫了一小时，然后向千利休复命道："父亲大人，实在是没什么可干的了，石径已经冲洗了三次，石灯笼和庭木都洒了水，碧绿的苔藓和地衣看起来洋溢着生机，地上也干净得没有一枝一叶。"千利休却责备说："傻孩子，露地可不是这么打扫的。"说完，千利休走进庭院，抓着一棵树干摇动了起来，庭院内顿时洒满金色和红色的树叶，仿佛秋天的碎锦缎。由此可见，利千休所希求的不仅是清洁，更要兼有美与自然。

千利休的言辞让人积极而宁静。如果上述这些话语确实出自千利休之口，那么他所体现的境界可远比"和、敬、清、寂"要高明得多。同理，千利休的后人用"和、敬、清、寂"来诠释千利休的茶道也是一种背离。他们旨在通过华丽的辞藻来塑造千利休及其茶道的形象，但偏偏水平不够，还营造了虚假。精神这个东西，美化就是丑化，精神的高级就在于真善美，如果失去了真实，一切的意义都无从建立。当然，从千利休茶道衍生出的"和、敬、清、寂"在世俗的茶礼中运用还是很美的。

在《茶之书》中，冈仓天心对他的茶道观进行了阐述，茶道的本质，就是对'残缺美'的崇拜，是我们在不可能完美的生命中，寻求某种完美可能的温柔尝试。尽管这一观点带有个人主观性和局限性，但它最终回归到了日本茶道的核心概念"侘"上。冈仓天心并未提及"和、敬、清、寂"的概念，从这一点来看，他对茶道的理解似乎比千利休的后人更为深刻。

对残缺美的崇拜是日本本土孕育出来的优秀文化，完全属于日本的原创。它能够激发人性，调动起"物哀"的精神和力量感，对于人生的创造有着重要的促进作用。然而，中国文化对待"残缺"的态度与日本存在差异。面对残缺，中国人倾向于采取接受、尊重、同情和帮助的态度。对于"人的残缺"，我们奉行以"德、行"来对待；对于"物的残缺"，我们奉行以"精、俭"来对待。这正是陆羽在《茶经》中所倡导的"精行俭德"的茶道思想。这种思想培养了人们的慈悲之心，同时也使人保持乐观和随性的生活态度。这就是文化差异所导致的行为差异。

此外，冈仓天心所说的"在不可能完美的生命中，寻求某种完美可能的温柔尝试"可能难以引起许多中国人的共鸣，这反映了深层的悲观与乐观思维的差异。在我看来，每个生命都有其完美之处，并非不可能完美。尽管人们常觉得自己的生活存在缺憾，但生命的每一段旅程都是展现生命力的机会。不完美的不是生命的本身，而是人们遭遇了不愿意接受的困境才将其定义为不完美。至于寻求某种完美可能的温柔尝试，这虽然也是追求美好生活的另一种表达，但对茶道修行而言，它终归还是"外求"的体现。对于生命的体验，修行人无暇去寻求某种完美可能，往往选择顺其自然、随遇而安地体验和感悟生命中的点滴。就算要谈修行中的追求手段，也是打破边界的手段，而不可能是温柔尝试；就像机锋、棒喝等，都是霹雳手段。

关于"崇拜"，它意味着局限和边界。正如冈仓天心在茶道仪式方面的描写："茶室与茶具即使看起来再怎么陈旧，也绝对是干净无比。就算是最黑暗的角落，也都保持着一尘不染。若非如此，主人便不够资格以茶道大师自处。成为大师的首项基本功，就是通晓打扫、清理、洗刷的要领。毕竟，清扫抹拭也是一门艺术。"他还写道："茶室，是卓然出世的和平之所。光临此圣殿的宾客们，来到门前自然会安神宁静。假如他的身份是武士，当然也会将他的佩刀留在檐下的刀架上，接着弯躬屈膝，跪行而入，以通过不到三英尺高的矮门。不论来者身份的高低卑贱，都需如此。这项设计，可以陶冶宾客谦卑居下的性情。众人在门廊暂待之时，便已互相商定推辞入席顺序。待主人召唤后，诸君便依序入内，动作必须保持安静，并且需先向主人安置在壁龛中的书画插花行礼致敬。一直到宾客全部入席，除了铁壶煮水的沸腾声外，所有声响骚动告一段落，房内再度恢复宁静无声之后，主人才会现身。"

上述文化的卓越以及仪式的美妙是毋庸置疑的。但是，倘若冈仓天心将此视作茶道的核心，那或许意味着他在茶道上的造诣与千利休相比有着云泥之别。千利休倡导"以形式破除形式、以层次突破层次"，着重强调"生火、烧水、泡茶、喝茶，别无他样"的茶道精神，而这或许是当代日本茶人所忽视的。冈仓天心以及当代日本茶人可能将千利休的修行形式与层次误当作茶道的本质或者目标。与之相反，这种被日本茶人所轻视的"别无他样"的态度在中国却极为常见。或许，在日本依然存在一些鲜为人知的群体始终坚守着这样的精神。

第四节　冈仓天心的《茶之书》

冈仓天心所著的《茶之书》，凭借别具一格的行文与深邃的文化洞见，在西方世界产生了深远的影响。该书以东西方对茶的差异化理解为切入点，深挖两种文化的异同。

一、《茶之书》论西方

冈仓天心笔锋犀利，一方面揭示了东西方在思想、习俗上的鲜明差异，另一方面秉持东方"爱与和平"的理念，抵御西方的冷漠与傲慢。且看《茶之书》中的部分记述：不能在不凡的自身上发现渺小者，便不能识得他人平凡中的伟大。在志得意满的西方人眼中，茶道只是东方诡异而幼稚的天方夜谭。当日本人沉浸在优雅平和的艺术中时，西方人却视之为野蛮之邦……

如此直言不讳也许暴露出我对茶道的无知。只说符合他人期望的言语，正是茶道高雅精神之所在。然我本非高雅茶人，新旧两个世界间的误解已然造成太多伤害，一个为弥除两者隔阂而贡献绵薄之力的人是没有必要去辩解什么的。

冈仓天心才华横溢，文笔卓绝，着实令人赞叹，他深刻阐述了西方对东方的偏见和误解，其见解犀利，直击要害。

《茶之书》对西方的论述不仅限于人的品性，还涉及其他文化层面。例如，书中对西方的美学亦有探讨：在西方人的房间里，目光所及之处多是无谓的重复。更有甚者，当我们与主人交谈时，他本人的等身画像却在其身后注视着我们。我们便会分不清究竟谁是真的，是背后的画，还是面前那个正在交谈的人？我们的内心会莫名其妙地认为：其中一个必定是赝品。曾几何时，我们会在饕餮飨宴上陷入沉思，餐厅四壁上那些光彩夺目的绘画让人大倒胃口。为什么总是一些以游猎猎物为主题的绘画，以及以鱼和水果为主题的精细雕刻呢？为什么又要特地摆上家传的金银食器，让我们不由自主地去想，主人哪一位仙去的祖先也曾用过同一食器呢？

从以上描述来看，冈仓天心似乎对西方美学抱有抵触。从冈仓天心的思想深度和艺术水平来看，他本有成为学术巨擘的潜力，却因为意识形态而限制了自己的格局。

审美是多元的，无论是西方的繁复风格还是东方的简约美学，都各自散发着独特的魅力，并无绝对的优劣之分。艺术的本质在于表达，不同的创作形式触动着不同观众的情感，并无高低之分。实际上，西方艺术中的许多作品都展现了人类对自然的敬畏、对生命的尊重以及对美好生活的向往。

尽管冈仓天心在反击西方对东方人的轻视时，也将中国人纳入东方阵营，大谈中国的"儒释道"思想，以此展现东方的整体风貌，但他对中国的描述仍不免有不够客观和全面之处。

然而，从文化维度来看，冈仓天心在文化解读和学术上颇有成就，他的作品犹如一扇窗户，帮助我们洞察当时西方人的特质，在文化研究领域留下了丰富的学术成果。

在全球化的浪潮中，我们越来越清晰地认识到，文化的多样性是人类文明的宝贵财富。每种文化都有其独特的价值和局限，衡量一个文明的成熟程度需要从多个维度进行审视。西方文化作为全球主流文化之一，其倡导的"人权、平等、自由"等理念推动了社会进步，文艺复兴、工业革命彰显了其创新实践的力量。同时，西方文化因其开放性和包容性，在跨文化交流中扮演着至关重要的角色。

中华文化、日本文化与西方文化应当相互借鉴、优势互补，共同繁荣发展。面对全球化带来的挑战与机遇，我们应秉持开放包容的心态，深化国际交流与合作，构建人类命运共同体，这不仅能促进文化的相互融合，更能为世界的和平与繁荣增添强大的力量。

二、《茶之书》论东方

冈仓天心在《茶之书》中，态度颇为激进，既对西方加以批判，也将矛头指向中国。他曾写道："对于后来的中国人，茶只是一种可口的饮品，但不是理想，唯其在日本，茶才是生活艺术的宗教"。冈仓天心这种一概而论的论调，令我深感惊讶。这不由让我联想起一桩旧闻。

1922 年，爱因斯坦应邀到北京大学演讲。为此，蔡元培特意筹备了 1000 美元作为演讲酬金。然而，爱因斯坦在抵达上海后稍作停留，便更改了计划，转赴日本。

细究当年之事，爱因斯坦夫妇彼时搭乘的是日本游轮，而日本方面更是使出浑身解数"截胡"爱因斯坦。他们承诺提供高达 2000 英镑的酬金，对爱因斯坦创作的书籍，给出每千字 10 英镑的优厚版税，并且承担爱因斯坦在日期间的一切花销。

此事对日本科学界而言，宛如一剂强力"催化剂"，极大地助推了其科技发展进程。当年聆听爱因斯坦演讲的年轻人汤川秀树，还在若干年后荣膺诺贝尔物理学奖。不过，日本"截胡"爱因斯坦的做法，虽短期内收割了科研红利，可从长远看，难免遭人诟病。与此同时，冈仓天心在撰写《茶之书》时，还讲述了中国古代神话：在"无始"的太初时代，"心"与"物"进行了殊死的争斗，最终，太阳化身的黄帝战胜了地上的邪神祝融。祝融无法忍受临死前的巨大痛苦，一头撞上天顶，碧玉般的天顶被震得粉碎。群星流离失所，月亮也漫无目的地在破碎的夜空中徘徊。失望的黄帝不得不四处寻找补天之人，最后，头生角、尾似龙、身披火焰铠甲的神女自东海翩然而至。光彩照人的神女用神奇的釜炉炼出五色彩虹，为中国修补好了苍穹。然而，据说神女补天时遗漏了两条小缝隙，于是产生了爱的阴阳二元性——两个灵魂在虚空中流转，永不停歇，直至融为一体，形成完整的宇宙。

我想，每个人都应该用希望与和平，重建出自己的天空。现代的人道的天空，已被物欲和权力击得粉碎。这个世界在利己和恶俗的阴影中彷徨，以背离良心来获取知识，以假施仁义来牟取私利。东方和西方就像在怒海上翻腾的巨龙、徒劳地想夺回属于自己生命的宝玉。我们需要再有一位女娲降临，来修补这金玉其外的荒芜废墟，我们等待着这一伟大显灵。

潜心剖析这段充满奇幻色彩的"故事"，便能洞察到冈仓天心着实在中国的历史脉络、文学上下了一番功夫，诸多元素信手拈来，足见其涉猎之广泛、钻研之深入。然而，不可忽视的是，他对中国古代神话的演绎存在偏差，可能会误导对中华文化了解不深的读者。这些神话不仅是华夏文化的一部分，更是中国人信仰和文化认同的核心。

例如，祝融，在中国正统神话谱系里，乃是上古时期杰出非凡的领袖，拥有火神尊号，司掌火焰神职，护佑一方，怎会是故事中那作恶多端的"邪神"形象？黄帝一生纵横沙场，其赫赫战功主要来自与蚩尤展开的涿鹿之战，与祝融本就不在同一时代，二者何来交战之说？再者，"怒撞不周山"、引发天翻地覆惊天巨变的，明明是共工，绝非祝融。总归而言，通篇读罢，竟找不出一处能与原始神话相契合的地方。

既然已对冈仓天心故事中的错误提出质疑，我自当呈上相应详实阐释。接下来，我将深入剖析故事中的关键元素，如女娲补天等，以揭示中国古代神话故事背后的创作机理和文化土壤。通过深入研究相关文献资料，我们可以拨开历史的迷雾，以客观理性的眼光，看待这些故事。

《山海经·大荒南经》载："羲和者，帝俊之妻，生十日。"

《山海经·海外东经》载："汤谷上有扶桑，十日所浴，在黑齿北。居水中，有大木，九日居下枝，一日居上枝。"

这些记载描绘了古人结合天文现象而创造出的一种独特历法系统，发明此历法之人被称作"羲和氏"。其以天文观测为基础，发现阳光强度呈现出十个显著不同周期，且这十个周期恰好构成完整循环。此规律被阐释为天空中存有十个不同的太阳，各自强度不一，并依特定顺序轮流负责日出与日落。每个太阳负责三十六次日出与日落，形成三十六个昼夜，而后下一个太阳接替轮值，这十个太阳一轮循环下来，便构成一年三百六十天。

据《淮南子·天文训》❶记载，这种并非十分精准的历法在使用若干年后，会导致人们错过播种时节进而使粮食减收，引发大饥荒。直至女娲时期，历法才有了新的变革。《淮南子·本经训》载："女娲炼五色石以补苍天，断鳌足以立四极，……苍天补，四极正；……和春阳夏，杀秋约冬。"女娲通过对日晷的观测，认为若一年以三百六十天计算，难以契合大循环周期。她主张在三百六十天的基础上，于夏至时补两天、冬至时补三天，共计五天。神话中将"补五天"喻为"五色石"。然而，这样的调整于大循环规律仍略有欠缺，故而女娲采用每四年再加一个闰年，闰年多补一天，即"四足鳌"。如此，每年春夏秋冬四季便相对准确了，我们的太阳历便由此而来。时至今日，在我国云南的部分地区，这套历法仍有少数民族如彝族在使用，彝族当地还建有彝族十月太阳历广场。

---

❶ 《淮南子·天文训》载："太白元始，以正月建寅，与荧惑晨出东方。二百四十日而入，入百二十日而夕出西方；……一时不出，其时不和，四时不出，天下大饥。"

后来，人们对日历越来越依赖，十太阳历似乎难以满足人们更多的需求（毕竟地球绕太阳公转一圈的时间为 365 天 5 时 48 分 46 秒，算下来一年约为365.2422 天）。直到帝尧时代出现了严重的天灾。《淮南子·本经训》记载："逮至尧之时，十日并出，焦禾稼，杀草木，而民无所食。"

文中叙述了帝尧命令后羿修改历法的故事。后羿废除了十太阳历，采用了常羲主张的太阴历法，即根据月亮圆缺周期，一年以十二个月计算。这一历法完善后基本接近我们当今所用的阴阳合历。对此，亦有诸多文献记载可供验证。

《尚书·尧典》载："乃命羲和，钦若昊天，历象日月星辰，敬授人时。"

《山海经·大荒西经》载："帝俊妻常羲，生月十有二。"

《吕氏春秋·勿躬》记载："容成作历，羲和作占日，尚仪（常羲）作占月，后益（后羿）作占岁。"

由上述文献可知：在古代中国，天文历法由一些领袖掌管并不断革新，这些先贤的开创性贡献激发了人们纪念以及传播他们故事的愿望。为了表达对他们伟大贡献的敬意，人们赋予这些故事以神奇的力量和神话色彩。例如，"女娲补天"和"后羿射日"等故事，这些故事不是迷信式的神话，而是鲜活的经历。实际上，世界各国也有许多优秀的文化是通过神话的方式流传下来的。

特别值得一提的是，女娲在传统传说中的形象通常为人面蛇身，这与《茶之书》中描述的"头生角、尾似龙"的形象大相径庭。龙，作为中华民族独特且深植于灵魂的图腾，承载着数千年的文化积淀和基因，不应被随意曲解或恶搞，任何不当的演绎都是对文化传承底线的冒犯和冲击。因此，有必要深入探讨一下中国龙背后的文化内涵。

自古以来，中国人对天空中的日月星辰充满敬畏和尊崇之情，因为它们的运行规律对人间生活有着重要的指导作用。古人将黄道周围的广阔天空精确地划分为二十八个部分，每个部分对应一个特定的星座，统称为"二十八宿"。这些星座又按照东西南北四个方向划分为四大组，即"四象"：东方苍龙、西方白虎、南方朱雀、北方玄武。其中，东方的角、亢、氐、房、心、尾、箕七宿相连，宛如蜿蜒的巨龙盘踞空中，构成了独特的图腾星象群——东方苍龙星宿。人们顺势将这一图腾命名为"龙"，并赋予各星宿龙体相应部位的象征意义：角宿代表锐利的龙角，亢宿代表龙的咽喉，氐宿代表锋利的龙爪，房宿代表矫健的龙身，心宿代表蓬勃的龙心，尾宿与箕宿代表灵动的龙尾，各司其职，栩栩如生。《说文解字》中对龙的描述"能幽能明，能细能巨，能短能长，春分而登天，秋分而潜渊"，精确地反映了东方苍龙星宿随四季更迭的变化规律。若再结合《易经》乾卦的解读，龙在不同季节的周期性动态变化，更是一目了然，展现了古老智慧与自然韵律的完美结合。

冈仓天心在故事中还提及了一些概念，如无始、太始、阴阳二元性等。然而，我认为他对这些概念的理解并不深入。所以说，《茶之书》所描绘的中华文化并不准确，冈仓天心也不能代表全体东方人。尽管他喜欢将中华文化与日本文化捆绑在一起，创造出一个东方形象。例如他下面的描述。

"不可思议的是，东、西方的迥异人性会在茶碗中汇合交融。在亚洲的各种礼仪中，茶是唯一受到普世尊敬的。西方人嘲笑我们的宗教信仰和伦理，却不假思索地接受了这种褐色饮品。下午茶已是当下西方重要的社会活动。在杯壶与茶托的优雅碰撞声中，在女主人殷勤奉茶的衣袖窸窣声中，在加奶还是加糖的惯例问答中，已经毋庸置疑地确立起对茶的崇拜。煎茶时，与会宾客心平气和地等待着，将前方或苦或甘的命运交给未知其味的茶水，此情此景，可见东方精神的至高无上。"

冈仓天心还呼吁，让我们停止东西两个大陆间的互相攻讦吧，即使各自的利益得不到满足，也应该心平气和。两者的发展道路殊异，但并不意味着不能彼此增益。诸君不见，你们以失却内心的平和为代价取得了急遽扩张，而我们虽无力抵御侵略，却创造出了融洽与和谐。诸君相信吗，在某些方面东方确有优于西方之处！

一百年前的呼吁，与当今的世界状况仍然息息相关，这显示了冈仓天心的深刻见解和前瞻性。我们不能因为他对中华文化的认知片面和不友好而忽视了他见解的价值。他提出的许多批判都值得我们反思，尤其是他对东西方对立思维的反对，其实今天的日本也需要深刻地理解这种思想。虽然目前的东西方似乎还有阵营和立场的观念，同属东方的日本与中国在立场上也略有分歧，但区域和界限显然变得越来越模糊。每个国家都有自己的国情和民族习性，我们应该尊重各国的自主治理和发展。

第五节　茶道之匠心：论茶器

《易经·系辞》中曰："形而上者谓之道，形而下者谓之器。" 这一观点精辟地阐述了中华文化中道与器的相互依存关系。在中国茶文化中，茶器承载着深远的意义，是茶文化中不可或缺的一部分。

对于遵循"无器不成礼、无器道不立"的日本茶道来说，茶器的意义也极为重大。它不仅是"侘"和"数寄者"水平的展现，更是评定"茶汤名人"是否"目明"的关键考核要素之一，即对茶器的精准辨识与审美的能力。

《茶之书》中提到，茶道仪式对器皿的要求，极大地唤起了制陶师们的创造灵感，若没有茶道大师们的天才构想，日本的陶瓷制作水平也绝不能达到如此卓绝的程度，远州七窑已为日本陶艺界所共知。

这段话不仅强调了茶道对瓷器制造工艺的深远影响和贡献，也表达了作者对日本陶瓷的赞誉，同时，它揭示了日本茶人因对茶器审美的优越感而产生的对茶道的骄傲。

由于我对日本茶道稍有研究，并且曾经从事过陶瓷烧制，因此我对日本陶瓷也有一些了解。中日两国在陶瓷器皿的制作技艺要求和审美上存在着显著的差异，特别是在茶道中常用的瓷器方面。基于此，我将从日本茶道所强调的匠心、审美等文化角度出发，对茶道中最具代表性的瓷器进行细致的分析和阐述。

作为贯穿中日茶道的重要茶器之一，建盏被誉为茶器中的王者。它是中国黑瓷的杰出代表，也是宋代八大名瓷之一。它原产于福建的瓯宁县，该地区曾隶属于建安。建盏不但在日本茶道中的地位极为崇高，宋朝皇室对其更是青睐有加，将其定为御用茶具。宋徽宗在《大观茶论》里提到建盏："盏色贵青黑，玉毫条达者为上，取其焕发茶采色也……盏惟热，则茶发立耐久。"蔡襄在《茶录》中亦对建窑产的兔毫建盏有所赞誉："茶色白，宜黑盏，建安所造者绀黑，纹如兔毫，其坯微厚，熁之久热难冷，最为要用。出他处者，或薄，或色紫，皆不及也。"

宋朝时期，日本僧侣留学于中国浙江天目山的佛寺，归国时带回了一种特别的黑盏，即建盏，由于他们不了解其确切起源，便将其命名为"天目盏"。随后，众多精美的"天目盏"陆续传入日本，受到日本茶道界和政界的高度评价，并被视为珍贵的宝物。据能阿弥在《君台观左右帐记》中的记载："曜变，建盏之无上神品，乃世上罕见之物，其地黑，有小而薄之星斑，围绕之玉白色晕，美如织锦，万匹之物也。"这种在当时就价值一万匹丝绸的曜变建盏，时至今日也无人知晓其烧制方法，被日本称为世界陶瓷界的未解之谜。遗憾的是，这种神奇的宋代曜变建盏在中国未能得到很好的保存，而日本却有幸收藏了三只完整的，并将其传承至今，成为日本人的骄傲。而且，收藏于日本京都大德寺龙光院、大阪藤田美术馆以及东京静嘉堂文库美术馆的曜变建盏，分别于 1951 年、1953 年和 1966 年被日本政府逐一认定为国宝。

随着宋代点茶❶被淘汰，建盏在中国的地位也随之下降，以至于今日在国内的博物馆中也难以找到完整的宋代曜变建盏。然而，2009 年上半年，在杭州市上城区的原杭州东南化工厂意外发现了一只曜变建盏残件，这一发现在陶瓷

---

❶ 宋代点茶，是把茶叶研磨成细腻的粉末，经分步注水、巧妙搅拌，以极少的茶粉调出一杯浓稠如粥的饮品，此为古人独特饮茶法。古人以"点"形容液体化作固体状，恰似卤水点豆腐，故而这一饮茶方式得名"点茶"。在宋代，点茶因具备完整的竞技体系，且广为盛行，彼时又称"斗茶"。

界引起了极大轰动，"江湖人士"更是惊呼："人间有了三只半"。

那么，建盏究竟拥有何种魅力？它在日本茶道中的重要性又体现在何处呢？

日本茶道的审美理念与中国传统文化紧密相连。能阿弥就非常崇拜中国宋元时期的文化特质，如枯寂、朴拙、内敛与深邃等风格。在日本茶道中，确立茶汤名人地位的一个重要标志是拥有唐物，这也反映了日本茶道对中国文化的尊重和借鉴。

建盏有着与茶道精神天然吻合的魅力，它自带物哀、幽玄和侘寂的艺术元素，与日本茶道中的"谨、敬、清、寂"相得益彰。根据这方面的关联，下面我们一起来感受一下建盏的文化之美和匠人精神，并借此机会进一步解析建盏的工艺技术和文化背景。

1. 关于"谨"

建盏爱好者们都知道，极品建盏常常会带有"釉滴珠"，俗称"釉泪"。它是在高温下釉料熔化而流动，随后下垂形成的釉水欲滴的自然艺术效果。一只上等的建盏是在釉料下垂成"泪"状的瞬间，恰逢迅速降温，使这滴"泪"完美地定格。这种失控的意外之美，触人心弦。然而，如果降温不够及时或火候控制不当，釉料就会流淌至盏底，那就该窑工流泪了。因为，这种情形被称为"粘窑"，其产品被视为废品。"粘窑"不仅可能导致建盏碎裂，还可能伤及使用者。极品与废品就在一线之间的刺激令众多文人雅士为之疯狂。对极致的追求助推了建窑"一窑生一窑死"的现象，天使与魔鬼都随着人的欲望而生，一堆堆的废品饱含着"物哀"的情愫。

为了追求至臻至美的极品建盏，匠人们在每个制作环节都必须保持谨慎。上釉要整窑统一以求火候的一致，否则釉面厚薄不同会导致烧制效果一塌糊涂，而火候控制更要小心谨慎，稍有偏差就会让整个窑炉的成果付之一炬。而建窑独特的长时间恒定高温的烧制特点，使这一过程更为困难。因此有人说："建盏是中国古陶瓷的艺术巅峰。"而"谨"却是建盏烧制技艺的核心精神。

2. 关于"敬"

通过对大量宋代建窑考古资料的深入研究，并结合对古建窑遗址的常年实地考察，我对宋代建盏的生产过程有了更深刻的理解。宋代建盏的核心生产基地，方圆五公里内，竟有数十条龙窑依山而建，窑旁的废品残骸堆积如山。考古人员发现堆积层底部低于地平面，这为我们提供了众多宝贵的线索。结合古代烧制的规模、作业痕迹以及废弃的工具分析，可以推断出宋代建盏的烧制多采用就地取材、一元配方❶的烧制方法。当一个山头的泥料被挖完后，深坑便用来堆放废品，随后移至邻近有泥料的山头重新建窑，有效地降低了运输成本。

另外，保存至今的古龙窑中，有一座长达一百多米的窑，一次性烧制的陶瓷盏数以十万计，这需要整个村庄的富余劳动力共同参与，村民们除了日常农作，还会参与柴火采集、泥石采炼、坯料制作、上釉、装窑等工序的准备工作，整个过程可能历时半年。

入冬时节，釉石经过霜打后实现了更好的风化，干燥的气候使得木柴更容易燃烧，而冬天的北风导致气压下降，使得龙窑的烟气排放更加顺畅。因此，冬季成为陶瓷烧制的最佳时期。这种性质的作业与冶炼、榨油等其他用火的行业相似，都是选择在冬天起火，以适应季节性工业产品的销售模式。同时，这也符合古人常讲究的五行理论，冬天属于水，与火相融形

---

❶ 一元配方：仅以单一的泥料制作胎体，单一石料作为釉料烧制陶瓷产品。

将上海硅酸盐研究所发布的宋代古建盏坯胎、釉面成分的检测报告和建窑遗址的泥土、石头的成分检测报告相对比，发现坯胎及釉面的成分与建窑遗址的泥土、石头成分的数据神奇地相似，它充分证明了宋代人采用一元配方烧制建盏的可能性。这与马未都先生在电视节目中提出的观点，即在元代之前，中国陶瓷烧制还是处在一元配方阶段相呼应。专家也指出：尚未有宋代使用氧化铁、氧化镁、氧化锌等化学原料的证据。

受此启发，我于2017年在建窑遗址附近租地，搭建了实验窑炉，致力于一元材料的实验性烧制。经过两年多的努力，我在单一泥料制作胎体、单一石料为釉料和一次性上釉、一次性烧制的工艺基础上，成功复现了类似于古代建盏的兔毫、油滴、曜变等经典斑纹。这些实验成果不仅丰富了我们对宋代陶瓷烧制技艺的认知，也为一元配方的假设提供了有力的实践佐证。

成"水火既济"，冬天用火被认为是非常吉利的。

火作为人类文明的起源，在中国古人心中具有神圣地位，古代烧陶时，首领需选定吉日，焚香祷告后亲自点火并监督整个过程，烧制失败被视为失去火神庇佑，可能引发天灾，威胁到首领的地位。即使在现代，建阳的建盏工匠在点火前仍会进行祭拜，这也体现了人们对神灵和天地的敬畏之情。

3. 关于"清"

建盏的釉面光滑细腻，宛若古玉般温润，深邃的黝黑色调，无声地传递着宁静，这种独特的质感引人深思。它的美与村田珠光所倡导的"清"相呼应。村田珠光的"清"，是在茶事中摒弃杂念，以达到一种超然物外的心境，对于这种烧盏的境界，我有所体会。

在一个炎热的下午，我拾得片刻宁静，用自己心爱的作品点了一盏茶。随着搅拌，盏中的热茶泛起层层"白雪"，映射着我内心的平和与纯净。时间仿佛随着茶水的流动而放缓了脚步，周围的喧嚣渐渐远去，唯有茶汤的涟漪和心灵的飘漾。这一刻，心中的一切杂念都被涤荡，只剩下对清净与美好的感悟。刹那间，蓦然泛起了一首诗篇。

闻思修

此生缺闻夏日雪

夏日雪看盏如夜

盏如夜思茶之味

茶之味品此生缺

4. 关于"寂"

在日本茶道中，锔瓷这一独特艺术形式也频繁出现。中国有句古语："没有金刚钻，不揽瓷器活"，正是对锔瓷这门古老民间技艺的生动描述。当瓷器不慎破碎时，可以使用类似书钉的金属"锔子"进行修复。围绕建盏的修复，还衍生出了大漆、金缮和金箔等艺术形式。这些艺术形式，使瓷器死而复生、凤凰涅槃，正是日本茶道中"侘寂"精神的体现。

锔瓷、金箔、金缮、大漆等艺术形式均起源于中国，但在大多数中国人眼中，它们似乎并不具备"谨、敬、清、寂"的内涵。这些艺术形式的根源应是《茶经》中所提倡的"精行俭德"精神，以及《道德经》中所说的"一曰慈，二曰俭"。

实际上，中日文化的差异还体现在对现象的感受不同，如对"朴拙"的感受。在古代，中国建盏的制作过程中使用的是不平稳的木轱辘转盘，转盘的摆动使得坯胎呈现出独特的瓢状。匠人们在与转盘的摆动相抗衡时，器型便不再只是由双手塑造，而是自然与匠人技艺的结合。这样制作出来的建盏，无论使用者的手的大小，握上去都恰到好处，古人称之为"一握"，这不仅体现了"困难里面有人性"的艺术观，也蕴含着"困难创造弹性与奇迹"的哲理。这种天人合一的自然手感与韵味，是现代轴承转盘无法复制的。现代转盘的平稳与拉坯的简易，虽然使作品外观工整对称，拍照更是完美，但手感却显得僵硬，缺乏人情味。

日本后期将"残""瓢"等朴拙气息发展为侘寂风格，并将其内涵诠释为谦逊，对当地艺术品的创作产生了深远的影响，如产生了乐烧风格等。然而，这种刻意追求的伪自然风格，恰恰缺乏了人性的味道，这也正是中日审美差异的体现。

从古人对"一握"的评价中，我们可以看到中国文化对克服困难精神的重视，这一点在中国古代众多赞颂与困难斗争的神话故事中也得到了体现。困难是中国艺术审美中的重要因素之一，我们所推崇的艺术，是在困难中寻找巧妙的方法以达成天然的和解。艺术家们在克服困难的过程中实现创作的成就感和乐趣。与其让困难刺痛自己，不如去"刺痛"困难。

宋代建盏之所以受到人们的追捧，原因不止一个。其一，建盏的黑色釉面能够突出白色的茶沫，为斗茶提供了极佳的视觉效果，也便于观察茶沫滑落的痕迹。其二，富含铁元素的陶瓷表面拥有更多气孔，这使得茶沫更易于附着，形成了所谓的"咬盏"现象。

在陶瓷制作领域，有句行话："铁是陶瓷的魔鬼。"这是因为在制作白瓷时，如果泥料中含有微量的铁，烧制后陶瓷表面便会出现黑色斑点。而且，氧化铁在加热至1250℃时会分解，冷却时又再次氧化，这两个阶段都会产生气体，导致陶瓷表面形成气泡，增加次品率。因此，在现代工艺陶瓷制作过程中，给泥料除铁极为重要。

然而，建盏作为一种铁含量较高的陶瓷产品，其坯胎和釉面的铁含量超过8%，这使得建盏成为次品率极高的陶瓷之一。尽管如此，建盏凭借其实用性、稀有性，以及独特的文化内涵和审美价值，成为上流社会争相追捧的奢侈品。

通过对建盏艺术的探讨，有助于我们深入理解艺术品为何常常成为少数人的精神伴侣或奢侈的爱好。在社会中，许多人在购买商品时会提出疑问："这个商品的成本是多少？"这些提问者往往是社会的精英，他们倾向于从科学的角度来评价商品的价格。然而，从中国的艺术观来看，真正的精品往往是用廉价材料创造出的极致之美，这种美有时甚至无法用金钱来衡量。

在艺术创作中，无需成本的纯泥土或石头通过自然烧制过程展现出精美的花色，被称为"点石成金"。理论上，添加昂贵的化工材料似乎会增加成本，但实际上，这些化工材料的加入降低了烧制难度，使得美感更容易实现，反而降低了成本。因此，艺术的价值与材料成本无关，便宜是功夫。诸如"点石成金""化腐朽为神奇"等词语，正是对这种艺术理念的生动表达。

另外，关于日本人曾声称"中国建盏失传了"的论断，从某种意义上讲，确实有一定的真实性。建盏的制作技艺曾中断数百年，虽然日本人的这种说法带有某种不好的心态，但我们不能否认这一事实。这与否认点茶技艺的失传不同，点茶技艺在古文献中有大量记录，技术细节也被详尽记载。点茶作为一种形式，可以根据文献记载来进行展示，即便点茶技术水平有高有低，也无法否定其形式的确立。更重要的是，只要有需要，中国人随时能重现这一技艺。

然而，建盏作为一种结构严谨、特征鲜明的物品，在制作过程中稍有差池结果便大相径庭。关于建盏的烧制技术，古代资料中几乎无迹可寻，这导致了至今无人能够完全复原宋代的曜变建盏，其结构和生成关系至今仍是一个谜。对于这一曾经辉煌的文化，国家给予了高度重视❶。1979年，中国组织了中央工艺美院、福建省科委、福建省轻工所和建阳瓷厂等部门和单位，立项研究建盏技艺。经过两年的努力，项目组向社会公布了仿宋兔毫盏的样品，并宣告建窑建盏工艺恢复成功。更为重要的是，项目组公布了上海硅酸盐研究所对古建盏成分的检测数据，为后来的建盏研究者指明了正确的研究方向。

在建盏的当代历史中，近十年，一个新兴行业应运而生。在现代科技的助力下，工匠们在建盏的形态和釉色上进行了大胆创新，使得这一古老艺术在市场经济的浪潮中焕发了新的光彩。然而，随着商业的繁荣，一些商家为了追求经济利益，用化工盏冒充建盏，导致市场出现鱼目混珠的现象，这对建盏艺术

---

❶ 从关于建盏的当代历史事件中，也能看出国家对建盏的重视。

1935年，美国人詹姆士·马歇尔·普拉玛（James Marshall Plumer，1899—1960年）到水吉建窑遗址考察。

1937年，詹姆斯·马歇尔·普拉玛将水吉建窑遗址考察成果发表于《伦敦新闻画报》，引起轰动。

1954年，华东文物工作队福建工作组到水吉窑考古调查。

1960年，厦门大学人类博物馆对芦花坪窑址进行首次发掘，发掘面积约90平方米，出土标本千余件。

1977年，福建省博物馆、厦门大学历史系和建阳县文化馆联合对芦花坪进行第二次发掘，发掘面积208平方米。

1979年，中央工艺美术学院、福建省科委、福建省轻工所和建阳瓷厂等部门和单位立项研究"仿宋兔毫釉"课题。

1981年3月，"仿宋兔毫釉"项目组第一次向社会公布了仿宋兔毫盏的样品。

1981年5月7日—10日，福建省科委邀请了北京故宫博物院、中国历史博物馆、轻工部陶瓷所、外交部总务司、上海博物馆、上海硅酸盐研究所等三十多个单位的五十多位专家、学者对仿建产品进行鉴定，结果表明，仿宋兔毫盏与宋代建盏不仅形似，而且神似。

1981—1984年，中国科学院上海硅酸盐研究所发数篇论文，阐明了建盏的"铁系分相显色机理"。

1990—1992年，中国社会科学院考古研究所与福建省博物馆联合组成建窑考古队，对建窑遗址进行全面调查和重点发掘，揭露多座窑炉遗迹。

2009年，建窑建盏烧制技艺被列入福建省第三批非物质文化遗产名录。

2011年，建窑建盏烧制技艺经国务院批准列入第三批国家级非物质文化遗产名录。

2013年，建阳建窑建盏协会成立。

的传承和发展构成了不小的挑战。

为了维护建盏艺术，相关部门制定了政策，规定只有建阳当地生产的建盏才能被冠以建盏之名。虽然这一规定在一定程度上规范了市场，但仍然存在一些争议。到底该以结构方式还是以产地来定义建盏？毕竟，原料成分的不同会导致结构和烧成方式不同。按照古建窑的传统技艺，真正的建盏必须使用建阳当地的泥料和石料。然而，市场上流通的一些建盏，其釉料中添加了长石、石灰石、氧化铁、氧化锌等物料，这是否是真正意义上的建盏，仍然是一个值得探讨的问题。

作为茶文化的爱好者，我对茶器尤为着迷，特别是被称为茶界"王者"的建盏。我们或许能够从技术层面进行深入的探讨，这将有助于我们对建盏形成更客观和全面的理解。

首先，我想强调，我们的讨论将聚焦于建盏的烧制过程，特指坯胎上釉、装窑，以及封窑完成以后，在龙窑中烧制的技巧。为了确保我们的交流顺畅，并增进对曜变现象的理解，我们需要共同了解建盏烧制过程中的一些常见现象和关键步骤，然后针对这些关键节点交流具体的技术细节。

① 建盏的烧制窑是依山而建的中空通天龙窑，其特点是头低尾高，热量会随着烟火从低处向高处流动。在烧熟阶段，我们采取逐节烧制的方法，每节完成后再进行下一节的烧制。

② 在以木材为燃料的通天龙窑中，控制温度并非易事。温度的升高不是一蹴而就的，即便在高温区域，也不是想保持恒温就能保持得住的：有时火势会突然变大，导致温度急剧上升；反之，火势减弱时，温度也会迅速下降。此外，烟量的多少同样难以精确控制。

③ 即便在一条龙窑中放入成分相同的坯料进行烧制，最终得到的建盏也会呈现出不同的花色。这主要是因为龙窑内的温度和烟量在几十米的距离内存在显著差异，这种差异大到无法实现统一控制。因此，一窑烧制出的建盏可能会有灰被、酱色、茶叶末、乌金、兔毫、油滴、柿红、铁锈斑、鹧鸪斑等多种不

同的花色。细心的你可能已经注意到，在这些花色中并未提及曜变。确实，常规的烧制方法无法产生曜变。

尽管我尽可能详细地描述了上述现象，但对于没有亲眼见过烧窑的人来说，可能很难真正理解其中的细节，因为没有画面感。我争取在下面的烧制细节中尽量把上述现象的原理讲清楚。

建盏烧制过程中的技术节点大致可分为七个阶段。

① 封窑完成后，开始点火，窑内温度匀速上升。

② 经过不间断地添柴烧制，第一节窑头室内局部区域达到最高温度点。

③ 维持一定时间的最高温度，尽量恒温，完成当前节段的烧熟。（此环节俗称"头道"）

④ 恒温阶段完成后，任窑温自然下降。（此时，烧窑的焦点向后一节转移，后一节在提前点火和前一节排烟的双重作用下，温度也逐渐接近最高点。后面，我们只专注于介绍第一节的操作和原理）

⑤ 窑头降至"莫来石"生成温度附近时，自主决定是否重新加柴加烟。（此环节俗称"二道"）

⑥ 自然降温。

⑦ 冷却后开窑，取出成品。

在接下来的内容中，我将详细阐述如何通过不同的技术要点，使用相同的釉水和坯料，烧制出乌金、油滴、兔毫、曜变这四种具有代表性的建盏花色。同时，我还将解释周边花色的烧成原理。技术的关键变化主要集中于上述流程的第三阶段和第五阶段，以下简称"头道"和"二道"。

首先是乌金花色的烧制：若头道窑内温度达到1250℃以上且保持相对无烟及非恒温的环境，或最高温度在（1240±20）℃之间，且伴有中度烟量，此时釉中的铁元素会冒小气泡和坍塌流动，进而产生弱度结合，均匀分布于釉层上下。在温度降至（1030±50）℃的二道环节，轻烟环境下，四氧化三铁和一氧化铁混合，加上均匀密布的遮光性，共同使得釉面呈现出漆黑的效果。

如果头道的最高温度未能达到 1220℃ 以上，且在高温区域保持恒温，则釉色会呈现茶叶末的颜色，这是由于釉中的钙元素以散状结晶的形式存在。若温度仅达到 1220℃ 左右，高温区域未能保持恒温，则釉色会呈现无明显结晶体的酱色，烟雾多时偏向黑色，烟雾少时偏向黄色。

油滴花色的烧制：油滴花色的产生需要在头道将温度烧至（1300±60）℃，并保持长时间的恒温，同时间歇性地有浓烟参与。这使得烧熔至膏状的釉料中的氧化铁经历"还原与再氧化"的交替循环，产生吐泡现象。如果温度足够高，烟足够浓，坯胎中的铁也会参与反应并产生吐泡，最终形成坍塌和流平，导致结晶的析出和聚集。这些结晶会随着黏度和表面张力的变化而浮沉。在没有坍塌的区域，铁元素仍然均匀分布在釉层上下，形成统一的乌金色釉面。这个阶段的烧制过程如同火焰中的舞蹈，金属元素在火光中跳跃，陶艺师则像摄影师一样，用降温的方式捕捉最美的瞬间。稍快或稍慢几秒，都会影响图案形成，一旦温度下降，花色的结晶位置便固定不变。在降温至（1030±50）℃的二道环节，如果窑内环境有烟，就会得到银油滴；如果没有烟，则会得到黄褐色鹧鸪斑。

曜变花色烧法的头道环节与油滴一样，主要是在莫来石生成温度附近通过操作烟量和降温方式来控制颜色，具体细节我们将在后面详细介绍。

兔毫花色的烧制：兔毫的产生需要在头道将温度烧至（1320±40）℃，并保持长时间的恒温，同时间歇性地有淡烟参与。这导致烧熔至膏状的釉料中的氧化铁和氧化钙经历"还原与再氧化"的交替循环，产生吐泡现象。此时烟量不宜过多，否则坯胎中的铁过多参与反应，吐泡过大，就会形成油滴状的效果。在弱还原瞬间，钙和铁的吸热性存在差异，会产生相斥性的爆破冲击，导致微坠性的坍塌，再流平时形成束状结晶类聚。这个过程会随着黏度和表面张力的大小而不断浮沉。没有塌口的位置，铁元素均匀分布在釉层上下，形成一致的乌金色釉面。降温后，聚斑和散状无斑之间的差异明显，毫毛现象突出。在降温至（1030±50）℃的二道环节，如果窑内环境有烟，就会产生银兔毫；如果没有烟，则会得到黄褐色兔毫。此外，如果最高温度区域没有保持恒温，且莫来石生成阶段没有烟，就会烧出柿红色。如果最高温度区域实现了短时间的有烟恒温，且莫来石生成阶段没有烟，就会烧出铁锈斑。

古代对曜变建盏的产生笼罩着一层神秘色彩。传说在烧制过程中，窑体发生坍塌，而窑内正烧制着专为皇帝准备的"进盏"和"供御"款建盏。面对超过1000℃的高温，窑工们必须冒险抢修坍塌的窑口。如果能够在高温下及时修复，奇迹便会出现：靠近坍塌口的器皿会烧出令人叹为观止的曜变斑纹。而这一传说与现代的曜变烧制技术在原理上是相通的。

尽管曜变建盏这种神奇的艺术令人向往，但在宋代的文献中并未发现任何与曜变建盏相关的记载，仿佛它从未存在过。可能是因为刻意烧制曜变建盏需要冒着生命危险，官员们担心皇帝对此产生兴趣并下令大规模生产。虽然这只是一种猜想，但如果真的要求生产1000只曜变建盏，即便牺牲再多人的生命，也未必能够完成。了解曜变斑纹的形成原理后，我们就能明白，使用古法龙窑烧制曜变建盏是多么不易。

曜变建盏的伟大不仅在于其美丽的斑纹，更在于它体现了一个深刻的道理："没有对生命的探底，很难达到美学的巅峰。"在我投入所有积蓄，致力于用纯原矿烧制曜变建盏的几年中，我深刻体会到了这一点。艺术的使命在于唤起人们对生命本质的思考，真正的艺术能够触动那些默契的灵魂。那些仅仅停留在价值层面的作品，往往只能被视为技术性的工艺品，而艺术则是通往灵魂殿堂的路径。

通过上述曜变花色的烧制过程，我们可以清晰地认识到曜变与普通窑变的不同。窑变是指在一个窑炉内，"同一材质、同一器型"的陶瓷在还原焰与氧化焰"不同温度点、不同时长、不同强度、不同位置"的作用下，釉面产生不同程度的"氧化、坍塌、叠加"，从而形成"不同颜色、不同形态"的陶瓷烧制现象。兔毫、油滴、鹧鸪斑等花色都属于窑变的范畴。而曜变则特指将陶瓷烧出油滴结晶形态，并形成"核壳光晕"的现象。进一步解释"核壳光晕"，我们可以看到结晶油滴呈圆形，外围有一个圈，圈外则有迎光变幻的"红紫蓝橙白绿黄"七彩光晕。这七彩光代表"日月水火金木土"七曜，因此被称为曜变。

曜变的七彩色是通过强烈还原后的急剧氧化得到的，接近固化的釉面在外部强烈而内部较弱的氧化环境下，产生微弱递进式的氧化效果。由于光线的反射、折射、衍射和漫射，我们看到的是七彩光，并非金属的显色效果。这类似于在平静的水面上撒些油，浮力和重量的微小差异造成了七彩色的现象。再举一个例子，当我们将不锈钢锅加热至通红，然后淬水迅速冷却，不锈钢表面也会形成微弱递进的氧化效果，其所产生的七彩色与曜变花色原理相同。因此，我认为在显七彩色的曜变斑纹中，一微米间隔"十万八千里"。这种无限微小的递进正是老子所描述的"道"中所表达的"其小无内"的真实写照。

通过上述描述，你或许能感受到我对建盏烧制技艺的痴迷。这份兴趣源于我坚定的信念：曜变技艺不会失传。在中国这片神奇的土地上，永远不乏发现的眼睛。艺术的本质并非创造，而是发现。只要我们继续传承这种发现的精神，曜变必将再次绽放其独特的光彩。

非常幸运的是，在2017年，我在一次"失控"的烧制过程中，成功烧制出了人生中的第一只曜变建盏，这使我向实现解构曜变烧成原理的梦想迈出了重要的一步。在那一刻，我心中涌上了一股莫名的感动，也让我感慨万千。种种艰辛的回忆在脑海中闪过。当我凝视着手中的作品时，有那么一刹那，我仿佛进入了一种物我两忘的境界。

有感而发，我为这件作品创作了一首回文诗，它不仅表达了我对曜变建盏的热爱和对艺术的追求，更深刻地表达了我对生命的思考以及对空性的无限向往。

空性

星繁浮影夜空空，

曜变若神有宇穹。

听盏问茶皆妙意，

明心见性倚天从。

从天倚性见心明，

意妙皆茶问盏听。

穹宇有神若变曜，

空空夜影浮繁星。

建盏烧制技术不仅在中国受到重视，日本亦有众多匠人投身于这一领域的研究。日本匠人在技艺上更倾向于科学性，他们普遍认为，高温下的陶瓷色泽是由金属元素引发的。因此，在仿制建盏时，他们倾向于使用各种化工金属原料和不同的气体作为还原剂。尽管这些方法在工业陶瓷烧制中可能有效，但对于仿制具有悠久历史和深厚文化底蕴的建盏来说，却并不适用。毕竟，宋朝时期尚未有化工产品的出现。

在日本天目界，有一位被誉为大师级别的人物。他作为日本某知名烧制流派的掌门人，继承了父亲的建盏研究与仿制事业，尽管其父始终未能掌握建盏烧制的精髓。据这位"大师"回忆，他的父亲曾尝试使用加入酸性气体的烧制方法："我目睹他在烧制温度达到 1300℃后，投入萤石产生酸性气体，形成绚烂的耀斑。"他接手父亲的烧制事业后，经过数年的研究，宣称成功仿制出了"曜变天目"。他描述自己的方法是利用一种名为"萤石"的矿石生成酸性气体，引发化学反应。然而，他所烧出来的"曜变天目"的斑纹显得非常生硬和暗淡，其结晶方式与传统建窑烧制的建盏大相径庭。明显可见，这些斑点是人为点上去的，并非通过建窑技术烧制形成的结晶，彩色部分也显示出明显的复烧痕迹，而非一次性烧成。

艺术品之所以引人入胜，在于其内在的深度和复杂性。它不惧众人的目光，却害怕专业人士的审视。后来，上海硅酸盐研究所的检测报告揭示了"大师"所谓的"曜变"只是外观上的模仿，以及其使用的胎釉材料和工艺与建盏的本质背道而驰。此事也进一步证明了日本对曜变建盏的复刻失败。经过近一个世纪的研究，最基础的正宗兔毫和油滴建盏都烧不出来，更不用说烧制曜变建盏了。这也解释了为何日本将曜变建盏的烧制方法称为世界之谜。

从艺术和商业关联的角度来看，上述这位"大师"的行为，其实是一种欺骗行为，因为他故意隐瞒了真相，是为了在市场上获得不正当的高收益或虚名。这种行为不仅对文化造成了伤害，还可能给整个民族带来负面影响。

从技术角度来检视，市面上所谓的日本天目，大多是采用化工釉料烧制而成，并非真正的建窑技术。实际上，日本的艺术陶瓷在工艺上远远无法与他们的工业陶瓷相比。他们的工业陶瓷确实非常出色，以京瓷的陶瓷科技为例，它解决了社会上的众多问题，为人类做出了显著贡献，京瓷也因此赢得了其应有的社会地位。

在过去十年间，建窑经历了一场壮观的复兴。这位日本"大师"在阅读了有关中国建盏行业的报告后，意识到家族几代人的努力方向都是错误的。认识到这一点后，他亲自前往福建建阳，挖掘了几十吨土石带回日本。这一行动让我对日本在艺术陶瓷领域取得更大突破充满期待。艺术是无国界的，纯粹的艺术能够跨越国界和文化差异，成为全人类的共同精神财富。

在当今社会，科技的飞速发展对古陶瓷艺术的传承构成了挑战。工匠们在配方上不断探索，尽管一些窑口生产的瓷器在美观度上超越了古代，但仔细观察，这些瓷器却失去了古瓷的内敛与温润。那么，这种现象背后的原因到底是什么呢？

自古以来，优秀的陶瓷作品是人与自然结合的艺术，蕴含着金木水火土元素的精髓。泥土与水相融，借助木生火的煅烧，将土石中的金属元素点石成金，这正是五行俱全的体现。这种"天人合一"的陶瓷作品，质地润如堆脂，宝光透亮，既不同于"消光"的呆滞，也不同于"贼光"的耀眼，内敛而深邃，宛如水波荡漾，可与翡翠相媲美。

现代陶瓷难以烧制出这种效果，主要原因有三：一是原料不纯，二是五行缺木，三是缺乏火气。原料不纯主要是添加化学物质所致。实验表明，即使将微量的氧化金属加入原矿釉中，也会导致明显的消光效果。而五行缺木和缺乏火气是相互关联的。由于近代国家倡导环保，大多数地区禁止使用柴窑，即使有些地方仍有柴窑，也很少用纯松木作为燃料。此外，为了更好地控制温度，现代龙窑普遍设置了隔断，采用各种倒焰和导烟的设计。装窑时习惯于堆得过满，导致火口不通畅，我常形容这种龙窑"断了气"，所以没有火气。更不用说那些只有三两节的"龙窑"或馒头窑了。同样的道理，大环境孕育出来的人与器物在气质上完全不同，这或许也是中日人文的本质区别。

精通陶瓷艺术的人都知道，上乘的陶瓷作品是在以松木为燃料的通天龙窑中烧制出来的。松木由于其丰富的油脂含量，在燃烧时火焰长且火性纯正，烟量大且穿透性强。在这种渐进式的烟火循环熏燎作用下，陶瓷釉面会产生不同程度的氧化和坍塌，形成独特的视觉效果和质感。在降温过程中，余炭的长阶段远近温差、氧差会产生"递进式弱还原效应"，在釉面上形成多层次、微弱递进式的还原效果，以及大小不一的细微气泡结构。这种微气泡结构与古董瓷器釉面的气泡衰变效果极为相似。这种由局部氧化、坍塌和微气泡结构共同作用而产生的视觉效果，俗称"火气"。它赋予了陶瓷一种难以言喻的生命力和艺术魅力。

在日本，柴窑工艺也受到一些匠人的重视。我在网上看到过一位名为日下部正和的匠人的作品，其风格非常古朴、苍老，充满一种岁月沉淀的美感。我浏览了几张照片后，便对他的作品的韵味产生了浓厚的兴趣。进一步查阅资料，发现他不仅发明了一种无烟柴窑，还因其环保理念和卓越的艺术造诣，赢得了广泛的赞誉。但对于他的作品如何能在无烟的条件下展现出那种独特的"火气"，我感到好奇。

2019年5月13日，我有幸在日本偶遇了日下部正和。亲眼观察了他的作品后，我发现那些"火气"效果实际上是通过化工釉料喷涂创造出来的，而非真"火气"。我对他的创造力和技艺表示赞赏，但同时也感到遗憾，因为他的作品缺乏一种温润感。当我注意到这些作品主要作为装饰品，而不具备日常生活的实用功能时，我更是感到了一丝惋惜。毕竟，这些经过化工处理的瓷器，可能存在一些安全隐患。

当天晚上用餐时，我恰好被安排坐在他旁边。在与他交谈时，我提出了一个问题："日下先生，您认为您的作品的本质是什么？"他似乎愣了一下，假装没有听清楚翻译的话，然后转移了话题。

第二天，我们一起参加了"中日陶瓷文化交流论坛"的活动，在中场休息时，他带着他的翻译员找到我，授意其问我："请问您的作品的本质是什么？"我回答道："国之交在于民之亲，器之美在于民之用。我的作品的本质在于亲民。"尽管我回答得仓促，但我真诚地传达了对于采用低级手法生产出一堆无用之物的担忧。

日下部正和先生对我的回答表示满意，并将我介绍给了他的朋友们。这次交流之后，我进行了深刻的反思，思考自己对日下部正和先生的评价是否过于苛刻，同时也审视了日本陶瓷市场的现状。在一个劣币驱逐良币的社会中，缺乏创新和概念的作品如何生存？我们都知道"气"是陶瓷作品的灵魂，但使用传统柴窑烧制又会对环境造成伤害。我开始理解日下部正和先生创作的初衷，他的作伪手法确实对环保有贡献。

回国后，日下部正和先生多次通过微信与我交流瓷器创作的想法。他甚至认同了我的产品理念，这显示了他对不同意见的开放态度，我对此表示由衷的敬佩。反观国内，由于大多消费者对艺术和技术缺乏了解和鉴别能力，这为一些不良匠人提供了可乘之机。同时，许多行业的代表性人物也采取了"添料加描、反复煅烤"的手法，其产品却大受追捧。这反映出社会上对大师的盲目崇拜现象。

针对当今的大师崇拜现象，我想说："作品是作者灵魂的延伸。"艺术若不能解决实际问题，便如同空中楼阁。作品若不能激发人们对人生的思考，便会沦为低俗。尽管艺术宛如灵魂在捉迷藏，不是每个人都能轻易找到。不可否认的是，市场上充斥着的不少劣质作品都是大师出品。在我看来，那些把生活过成自己想要的样子且达到一定艺术境界的人，才是真正的艺术大师！他们比一些艺术品还更加生动鲜活，着实令人羡慕。

近年来，我国建盏行业取得了很大的进步。自从我国提出实现中华民族伟大复兴的口号以来，社会上出现了一股复古热潮。虽然我不承认现代化工建盏的使用价值，也不主张复古点茶习俗，但是建盏的艺术性、美学文化以及古人对美的追求和牺牲精神应该得到保留和发扬。只有这样，未来的人们才能看到历史的真实存在，并且有自主选择的空间。因此，我期待建盏行业最终能够回归到原矿烧制、纯正建窑技术烧制的道路上来。

复兴，是当今时代的重要课题。它并不仅仅是简单地恢复历史的地位、自信和领先状态，更是在传承中创新，在创新中发展。我们不能一味地照搬古人的思想和做法，陷入保守主义或者盲目追随，而是应该从古人那里汲取经验、智慧和教训，将其融入现代社会的发展之中，推动人类文明的进步。

第
六
节

茶道之应用：论本质

　　茶，这一传承久远的饮品，最初是以药用的形式走进人类的生活。《茶之书》开篇便指明："茶，起初为药用，而后才逐渐成为饮品。"作者紧接着阐述："公元四到五世纪，茶作为饮品已经深受长江流域居民的喜爱，与此同时，'荼'这个字开始定型并沿用至今。显然，'茶'是由'荼'这个字转化而来……盛唐的宏大气象将茶从粗糙的原始状态中解放出来，引领它进入精神领域。"

　　尽管冈仓天心对中华文化有所涉猎，但他的某些见解仍有待商榷。他宣称，公元四至五世纪，"荼"字转化为"茶"字并沿用至今。然而，冈仓天心的这一论断存在偏差，确切的时间应为公元八世纪。由此可见，他对这段历史的认知并不透彻，自然也难以领会原本"荼"字的深意。现在，让我们一同探索"茶"字的起源轶事。

　　话说在唐代，武则天出于政治方面的筹谋，创造了诸多新字，比如将自己的闺名"武照"变更为"武曌"。这个"曌"字寓意深邃，象征着"日月当空，普照天下"，其结构中的"日月"传递出阴阳和谐统一的意旨。武则天借此向世人昭示，男女之间不存在本质的差异，女性同样能够担当皇帝之位。她旨在通过这一理念，平息那些反对女性统治的指责之声，反对那些常言"牝鸡司晨"

之人。

到了唐玄宗执政时期，为了消除武则天的影响，尤其是为了压制太平公主势力的崛起，唐玄宗施行了一系列举措。他废除了武则天所编纂的《字海》，并且对某些文字执行了禁用的策略。随后，唐玄宗颁布了《开元文字音义》这部字典，进一步推动文字政策的施行。然而，《开元文字音义》错误地将"荼"字写成了"茶"字。

在字典颁布之初，迫于官方的压力，人们在正式的场合和官方文件中开始用"茶"字替换传统的"荼"字。比如，新版的《唐本草》发布时就采用了"茶"字，打破了此前历代"本草"一直使用"荼"字的惯例。

即便官方推行并强制要求使用"茶"字，但在民间，有不少人依然坚持使用"荼"字。例如，750 年，圣善寺的沙门在撰写灵运禅师的碑文时运用了"荼槐"；781 年，徐浩在不空和尚的碑文中使用了"荼毗"；805 年，吴通微在撰写楚金禅师的碑文时同样采用了"荼毗"。这些事例充分表明，民间依旧倾向于使用"荼"字。

随着时光的流逝，民间的习惯也逐步发生了转变，陆羽撰写的《茶经》和赵赞编写的《茶禁》，都使用了"茶"字来取代"荼"字。从《茶经》的内容来看，陆羽对于"荼"字的变更似乎也存有不满。他明确指出，《诗经》中的"荼"字、《桐君录》《晏子春秋》中的"茗"字、《尔雅》中的"槚"字、《方言》中的"蔎"字、《凡将篇》的"荈"字，意思均相同，皆指"茶"，而如今都统一称为"茶"。

在中国，存在着一个有趣的现象：一旦某个文字被广泛应用，就很难被替换，除非有某种因素的介入。然而，在历史的长河中，那些因各种缘由而强制改变人们文字使用习惯的情况，也不乏文人群体的反对。文字的变更之所以会引发如此重大的争议，是因为文字不仅是交流的工具，更是文化与精神的传承载体。众多汉字的字形和字义之间存在着紧密的关联，这使得人们对文字的解读能够更加深入。

对于"茶"这个字，许多茶师将其解读为"人在草木中"，寓意着人与自然的和谐共处。然而，这样的解读或许略显肤浅。以数千年后变更的字形去理解数千年前的本意，可能难以触及"茶"字背后所蕴含的深刻含义与精神。

我的一位老师曾经讲道："不识'茶'字不识茶。"他认为："作为一名茶师，应当对茶的历史文化有更深刻的认识和尊重。在古代，'茶'字代表的是一种神圣的草，是人与神灵沟通的媒介。随着岁月的变迁，'茶'字逐渐取代了'茶'字，但其背后承载的文化意义却从未消逝。"

"茶"字的创生与其应用紧密相连。在古代，"茶"的解毒药用功能让人们联想到高能量，不过这种能量是发散性的，与毒所代表的高能量的凝聚正好相反。"茶毒生灵"这个成语的意思是对生灵进行残害蹂躏。茶因为能够救人治病而被赋予了神话般的色彩。而"茶"字的字形含义是放置在祭祖和祭神台上的一种草，被视作可以与神灵交流的草。在所有的草当中，能够用来供奉神灵的为数不多，"茶"恰好是其中之一。《荀子·大略》中说道："天子御珽，诸侯御茶，大夫服笏，礼也。"因此，"茶"字还代表着尊上、尊神的礼仪。总体而言，"茶"是一种尊上、尊神、通神的草。

对于"茶"字的变迁，我们需秉持开放的心态去对待。在尊崇历史与文化的同时，也要着眼于现代社会中茶文化的传承与发展。只有这样，我们才能更好地理解"茶"字背后的历史文化意义，并将其融入现代生活中。

关于中国茶的起源时间，不同历史文献中有不同的记载，争议不断，其确切时间难以确定。虽说陆羽在《茶经》中言及茶起始于神农氏，但其所援引的《神农食经》已然失传，且年代难以明确，使这一说法难以被证实。另外，茶界广泛流传着《神农本草经》中关于茶的记述，流行的说法是："神农尝百草，日遇七十二毒，得茶以解之。"然而，现存的《神农本草经》里并无此相关记载，况且，《神农本草经》是于东汉时期编著的，与神农时代相去甚远。故而这一说法的真实性亦无法判定。此外，清代编修的《钦定四库全书·格致镜原》中亦引用了类似言论："《本草》曰：神农尝百草，一日而遇七十毒，得茶以解之。今人服药不饮茶，恐解药也。"尽管与"日遇七十二毒"的说法不同，但两者皆着重强调了茶具备解毒的药用特性。

尽管茶的起源时间存在不确定性，但茶的历史悠久却是毋庸置疑的。在古代文献中，我们可以找到关于茶的应用记录，诸如《诗经》和《尔雅》等。根据流传下来的说法，最初，茶是作药物和祭祀之物，其后逐渐发展成菜肴与饮料之类的食品。到了唐代，茶的烹饪方法仍然受到古老药用传统的影响，类似于煎药的方式。自此，茶在人类社会中确定了它作为药品、礼品和饮品的定位和主要作用。

受中药常识的影响，人们通常认为头汤乃是茶的精髓所在，其次为二汤，而三汤的药效则可忽略不计。在煮茶的过程中，头汤会涌现大量泡沫，二汤的泡沫则相对较少。因而，人们普遍认定泡沫为茶的精华。这种观念在古代文献中多有记载，例如南朝诗人曾以"泛泡沫之玉液"来夸赞茶汤的美妙，晋代杜育在《荈赋》中描绘茶道："惟兹初成，沫沉华浮。焕如积雪，晔若春敷。"这些表述皆凸显了泡沫于饮茶文化中的重要性。甚至，宾客们会因泡沫的分配是否公平而斤斤计较，倘若分得的泡沫偏少，他们便会心生不悦。为了获取更多的泡沫，茶人发现，在烹煮过程中进行搅拌能够催生更多泡沫。于是，茶筅得以广泛运用，以茶筅搅动茶汤的饮茶方式也开始盛行起来。

对于泡沫的追求于宋代臻至巅峰，彼时文人雅士将其视作娱乐与竞技的焦点。在这种竞技氛围下，各类精美的器皿与独特的技巧得以创新与演进。紧接着，一套胜负的评判标准应运而生。譬如，在斗茶赛事中，评判一碗茶胜出的标准，不单涵盖泡沫的白度、细度与数量，还强调茶汤中的泡沫能够长时间附着于盏壁而不消散等。这种被誉为"咬盏"的诉求，不但决定了茶叶制作工艺的走向以及品质的评定，还牵涉到器物的质量和冲泡技艺的高低。

当茶汤被经精心点制后，茶沫会浮于汤面并堆积成固定之态，为人们于茶汤之上进行绘画创作提供了可能，进而衍生出另一种高雅的茶艺表演，即"茶百戏"。此类饮茶方式无疑彰显了茶与美的奇妙交融。

然而，斗茶这一高端的茶艺活动并未在社会中普及。就唐宋时期的民间所用器皿以及全国各地的陶瓷古窑口遗址而言，斗茶仅在上流社会盛行，并非社会主流。民间始终以散饮大碗茶和煎茶为主，这一点亦有诸多文献记载。例如，苏东坡曾针对当时饮茶观念提出批评：唐人煎茶用姜，近世用姜煎茶之人，定会遭人耻笑。这表明，于宋朝，煎茶依旧广泛存在。

宋朝史料笔记《耆旧续闻》载："然今自头纲贡茶❶之外，次纲者味亦不甚良，不若正焙茶❷之真者，已带微绿为佳。近日士夫多重安国茶，以此遗朝贵，而夸茶不为重矣。……今诸郡产茶去处，上品者亦多碧色，又不可以概论。"这段资料所表达的是：除却"贡茶"，其他团茶都不怎么好喝，而且各地所产上品茶皆为绿茶。由此可见，到了宋代末期，散饮法已然成为社会主流的饮茶方式。

在历史长河中，点茶之所以声名远扬，是因为宋徽宗对点茶极度痴迷。他不但以点茶的方式款待臣属，还亲自著就《大观茶论》以推崇点茶的价值，甚至派遣大臣蔡襄负责茶叶供应链的管理。这使社会上层人士纷纷仿效权贵之举，竞相追逐点茶之风。

然而，这种奢华且偏离茶之真味的饮茶方式终究难以普及。正如《耆旧续闻》所述，次纲之茶的味道不如正焙茶那般纯正。这般描述已然表明点茶就不是好的饮品。因为，从口味来讲，头纲茶、次纲茶并没有显著的差别。或许是为给朝廷留存些许颜面，故而未直接批判"头纲贡茶"，而是以次纲为例。毕竟作者也生活于权贵之下，有些话语不便直抒。

---

❶ 头纲贡茶：文中描述的"头纲贡茶"是宋代当朝的贡茶。特指产于北苑御茶园的团茶，头纲指采用每年春天发的第一批茶芽制成的茶。数量稀少，品质最优。其特点是采用宋代开创的新式蒸青、压榨、过黄等技术制作，失了茶之真味。宋代《宣和北苑贡茶录》记述"宋太平兴国初，特置龙凤模，遣使即北苑造团茶，以别庶饮，龙凤茶盖始于此"。苏轼的《七年九月自广陵召还泛汶公乞诗乃复用前韵》说："上人问我迟留意，待赐头纲八饼茶。"《北苑录》载："每岁分十馀纲，淮白茶，自惊蛰前兴役，浃日乃成，飞骑疾驰，不出仲春，已至京师，号为头纲。"宋代赵汝砺《北苑别录》记述，龙凤团茶有六道工序：蒸茶、榨茶、研茶、造茶、过黄、烘茶。

❷ 正焙茶：唐代刘禹锡在《西山兰若试茶歌》中写道："山僧后檐茶数丛……斯须炒成满室香。"这是关于唐代炒青绿茶的文字记载，描述嫩叶经过炒制而满室生香。可见唐代就有炒青绿茶了。《宋史·食货》中载："茶有两类，曰片茶，曰散茶。"进一步表达了散茶的广泛存在。"正"字多指传统正法。正焙指的是自唐代传承下来的常规焙火工艺。文中补充到"上品者亦多碧色，不可以概论"，依此来看，正焙茶应该指的是炒青绿茶。

到了元代，点茶的风尚骤然消退。这种追求玩味却脱离实用的饮茶方式不再受宠。直至明代，点茶被摒弃得十分彻底。而民间广泛运用的散饮法和自明代兴起的工夫茶技艺却一直流传至今。

以"用"为中心来看茶的历史，可以发现茶的本质应用依旧与"荼"字的本义相符——"荼通神"，此"神"涵盖了神采、神圣与神明三个层面。茶于促进人们的健康和增强体质方面通向神采，于提供乐趣和自由方面通向神圣，于满足灵魂需求和祈祷方面通向神明。关于"神"的这三个层面，我们将在后续章节中展开更为详尽的探讨。

李世民曾言："以史为鉴，可以知兴替。"培根也说过："读史使人明智。"从中国茶的历史来看，宋代点茶之所以被淘汰，是因为它奢靡的价值取向与茶的普世应用价值取向相背离。然而，在日本，点茶不但得以留存，更被发扬光大。日本将茶的有形之美与无形之用相融合，将茶的药用功能提升至精神层面，超越了对茶的外在形态的执着，体现了"茶禅一味"的哲学。而这种"以无用为用"的特质恰好诠释了日本茶道的本质，同时也指明了其未来的发展方向，唯有在'用'上不断耕耘，才是健康的发展之道。值得警惕的是，不要重蹈曾经以奢靡表演为核心的旧辙，否则必然会走向衰落。

第七节　茶道之淘汰

冈仓天心在《茶之书》中指出，日本的抹茶道起源于宋代的点茶，这一传统在中国已经失传，而在日本则得以延续。他进一步描述，宋代的点茶开启了茶的第二个流派，茶叶被碾成细粉，用沸水冲泡，再用竹制茶筅击拂。这种新的饮用方式使得陆羽的选茶法、制茶法和茶具形制显得过时。宋人对茶的创新和对生命理解的转变，与唐人截然不同。

冈仓天心认为，后世的中国人将茶仅视为一种饮品，而未能将其与人生理念相联系。长期的苦难使他们失去了探寻生命意义的热情，失去了诗人和古人的精气神。

尽管冈仓天心的观点有其独到之处，但我对他的众多观点持有不同的见解：苦难往往更能激发深层次的思考，促使人们探索生命的真正意义。实际上，那些专注于生命意义探索的人，通常具备"三吃"的素质——吃亏、吃苦、吃辱。这与佛教的布施、持戒和忍辱相呼应。

而且，中国历史上从不缺乏致力于探索生命意义的杰出人物。例如，明代的王阳明和隐元禅师，他们的一生都在探索生命的意义，并且在经历苦难后获得了深刻的领悟。王阳明的心学思想对后世日本文化产生了深远影响，隐元禅师更是成为日本煎茶道的奠基人之一。这些案例都证明了冈仓天心的观点并不完全站得住脚。

此外，对于冈仓天心所说的，点茶之法在中国已失传。这一观点也并不完全准确，因为包括《大观茶论》在内的多部文献都详尽地记录了这一传统；尽管它在宋代末期已逐渐被民众抛弃，但我们若想复兴这一传统，完全可以依照这些文献中的描述来操作。

当然，明代之后的中国人对这种不符合文明价值观的饮茶方式愈发嫌弃，正如前文所述，点茶法更像是宋代人邂逅的一个美丽的错误，它与冈仓天心所赞美的"浪漫"并无太大关联，而其背后的腐败和迷失则更为明显。其实，冈仓天心也有意识到，17 世纪后，日本学习并发展了中国明代的煎茶法，还将其发展为日本茶道的一个重要流派。这引出了一个问题：为何冈仓天心未能充分认识到，如果宋代的饮茶方式被认为是高雅的，而明代的饮茶方式被认为是庸俗的，那么日本民众为何还会选择后者？我不想对两种饮茶方式的优劣做出评判，毕竟它们都是中华文化的产物。

值得注意的是，在中国，即便是明代的煎茶法，在主流上也未能摆脱被工夫茶法 ❶ 取代的命运。这不禁让人疑惑：日本是否会认为中国明代的煎茶法也已经失传？实际上，我们更倾向于称之为"淘汰"。

中国的饮茶文化是多元的，散茶冲泡法和煎茶法一直是民间的主流方式。虽然点茶法的淘汰是中国人民基于智慧的选择，但这并不意味着工夫茶在文化层面上就高于点茶。每种饮茶方式都有其独特的文化价值和历史意义，都值得我们尊重。

---

❶ 工夫茶，这一起源于明代的茶艺形式，在潮州找到了其传承与繁荣的沃土，并荣获了国家级非物质文化遗产的殊荣。（在后续的篇章中，我们将对其进行详细探讨。）

潮州不仅成为工夫茶的代表，也是茶文化多样性的展示窗口。在这里，你可以看到各种泡茶技艺展示，六大茶类一应俱全，形成了一个茶的盛会。不过，若要论及潮州人的日常生活，他们对于青茶配工夫茶的偏爱尤为突出。这种偏好不仅仅是一种习惯，更是一种文化和情感的体现。为了捕捉这种独特的饮茶理念，我特意创作了这首诗：煎点淹冲认哪家，黑白红绿有微瑕。觉觉念起思之味，觉觉醒来亦是茶。

近年来，中国部分地区的茶艺爱好者对工夫茶进行了一些创新，这些创新在一定程度上为饮茶带来了便利。但同时，也出现了一种趋势，即过分追求形式上的复杂性，将茶艺变成一场表面华丽却缺乏实质的表演。例如，闻香杯、主人杯的使用，顺时针、逆时针的旋转动作，兰花指、叩手礼等繁复的"礼节"，这些元素虽然可以在表面上"美化"饮茶环境，但也引起了一些人的反感，认为这种做法过于矫揉造作。

这种行为不仅在国内引起了广泛的讨论，也受到了国际饮茶爱好者的批评，包括一些日本茶人。我尊重每个人表达价值观的权利，因此，我并不反对日本茶人在这方面的批评。真诚的人总是值得尊敬和喜爱。

此外，我对中国宋代点茶文化在日本得到传承而感到自豪，因为它是中国的文化遗产。但作为一个茶人，我想友善地提醒当今的日本茶人，你们是否延续了中国曾经的错误，而产生了一种美丽的错觉？尽管这个错误经过千利休的包装以后，在表面上与原始形式有所不同。但这种改变，就像在国外娶了一个满脸麻子的媳妇，经过整形和美容后，麻子被掩盖，变成了美女，装扮出了虚假的美丽，却失去了本质的真实。

真理常常隐藏在荒谬之下。错误地将荒谬当作真理，久而久之，容易让人迷失方向，甚至会让人产生纠结的心理，因为生命渴望的是真理。

中国有句谚语"情人眼里出西施"，意味着在深爱之人的眼中，即使是对方身上的缺陷也能被看作优点。宋徽宗和他的大臣们对点茶法的偏爱，就是一个典型的例子。在宋代，点茶法并没有像日本茶道那样注重形式和外观，它只是一种奢靡的娱乐方式。宋徽宗和他的大臣们所喜欢的，正是那种奢靡的"麻子"。

因此，在宋代玩点茶的人并没有从中获得生命的意义和思想的升华。与此相对，日本的千利休以其卓越的才能，将平凡转化为非凡，展现了化腐朽为神奇的能力，堪比"整容高手"。

胡大平先生曾对我说："智慧之人需拥有三种能力：举一反三、触类旁通、点石成金。"他曾直言不讳地指出，像我这种思维单一、非黑即白的人，尚未触及智慧的范畴。经过审慎思考，我意识到，千利休正是那种能够点石成金的杰出人物。

从这个视角出发，冈仓天心或许也如胡先生对我的评价一般，局限于二元对立的观念。尽管他的才华毋庸置疑，然而他似乎过于关注个人利益和短期利益。

秉持小循环价值观的人不愿吃亏，他们可能在短期内看起来总是赢家，但从长远来看，会发现其损失更为惨重，历史终将给他们更多的苦难与耻辱，宋朝的兴衰就是一个典型的例子。

苦难和耻辱，当它们沉重到一定程度时，往往会激发人们寻求变革的动力。一旦达到某个临界点，它们就会成为推动社会进步的催化剂，引领社会朝着避免痛苦和耻辱的方向发展。二十世纪三四十年代，中国经历了沉重的苦难与耻辱，这实际上是国家历史的一个重大转折点。在那段艰难的岁月里，全国人民齐心协力，奋起抵抗。那些勇于直面牺牲、困苦和侮辱的人勇敢地挺身而出，肩负起国家和历史的重任。正是这些坚毅不屈的英雄，引领了中国的变革，改变了国家的命运。

社会中还普遍存在一种现象：那些完全不能吃亏、吃苦、吃辱的人，往往容易被淘汰，至少难以得到重用。而这种"三吃"的精神，在很大程度上是一种自主的选择。它也是一种自我淘汰和抗淘汰的进化过程。因此，苦难并不会减少人们探索生命意义的热情，如果说苦难使中国人淘汰了点茶，这倒是有一定道理。

第八节

茶道之意义：论修行

修行，宛如一条纽带，紧密联结着个人成长与社会发展，既是驱动个体进行内心探寻、实现价值跃升的引擎，更是筑牢社会和谐、世界和平大厦的基石。我们期望在未来能够见证更多的人认识到修行的价值，并将其付诸实践。

于茶道天地，修行同样举足轻重。千利休那句"草庵茶汤的第一要事为：以佛法修行得道"，一语道破修行在茶道里的关键地位。

冈仓天心的"翻译就是曲解"这一表述，既体现了中华文化的博大精深，精妙教理如深谷幽兰，亦表达了他对中华文化的深厚敬意与谦逊态度。换句话说，这便是冈仓天心的修行印记。

置身于现代喧嚣中，压力如影随形，人们渴慕内心宁静和谐，修行也由此成为生活刚需。

慈悲与宽容乃是修行之道坚实的基础。修行者需时刻审视自身的言行，识别自身的缺点与不足，并积极改进，逐步提升修行的层次，最终实现内心的宁静与智慧。

世俗修行，可从三个维度深入探究：道德修养，乃是世俗修行的基础，它助人于纷繁世事中明辨是非，明确行为的界限，让人们在面临道德困境时能够做出正确的决策；心灵修养，作为世俗修行的核心，这是一场持续的自我认知、内心探寻之旅，在此过程中，个体借深度自省挖掘自身，于日常维持情绪的平和、内心的宁静，练就非凡专注力；习性修养，它是世俗修行的延伸，人们通过参与社会活动，不但能够更好地理解自己的心性，还能在承担社会责任与人际互动中磨炼自己的习性。这种参与拓展了修行的空间，推动了个人的成长蜕变。

虽然上述内容已勾勒出世俗修行的大概轮廓，然而超世俗修行，恰如冈仓天心所言："难以阐与人知。"毕竟，每个人眼中的世界千差万别，修行路径与方法也因人而异。不过，在修行境界层面，仍可探寻出些许共通的规律。例如，修行境界的四层进阶：允许、称许、期许、听许。接下来，我们便围绕此四层境界展开探讨。

在世俗修行范畴，修行者通常更容易被他人接纳，因其秉持"让人舒服"之道，此时，修行者较容易达到"允许"境界。"允许"体现为社会对个体行为的接纳程度。超世俗修行者却不同，他们不以迎合他人舒适感为要，因其修行层次超凡，对"舒服"见解独特。对他们而言，"允许"是双向的，既反映了他们内在修为的深度，亦是他们对外界产生影响的证明。个人给予与接纳的"允许"程度，恰似修行高度与广度的标尺。

若说获得社会广泛"允许"，是修行路上的小小勋章，那博取诸多"称许"，则是登上更高修行层级的有力证明。以企业为例，社会允许其存在与收获满堂称赞，分量截然不同。茶之天地亦是如此，制茶师在工艺上不断推陈出新、精研求进，所求无非那来自四方的"称许"之音。在"称许"方面，日本茶道便是典范，赢得社会超高赞誉，尽显其修行沉淀的深厚功底。

千利休曾郑重言道："修行乃茶道的首要之事。"此语，曾如禅钟回响于日本茶道的历史长廊，奈何现代，这一深刻主题却如宝剑蒙尘，锋芒渐黯，不再被业界着力彰显。不过，茶道在日本社会的根基深厚，如同苍松扎根沃土，占据重要地位，故仍有一众拥趸秉持古风，将茶道当作修行秘径、精神归所。这般没落现象正是缘于日本的文化变迁。遥想近代，日本推行全面西化之举，文化格局被强力重塑，民众受西风裹挟，纷纷倾心西学，"弃东向西"蔚然成风。然而，当个体内心对他人状态抱有过度期望，就容易在这股执念中迷失自我、偏离正道，国家也不可能走向别人"期许"和"听许"的样子，个中教训与启示，值得反复思忖。

谈及文化变迁，我也有些浅见分享。"文化"一词，追本溯源，来自拉丁语，起初意为耕种、农事，到 16 世纪演变为教育培养，19 世纪又被视为文明知识构成要素。当下，我们采纳西方的释义并进行本土化狭义解读，将其用于知识、精神、意识形态领域。不过，参照《易经》"观乎天文以察时变，观乎人文以化成天下"的古训，我认为文化是依循大众认同价值观所衍生的事物与习惯。

进一步拆解，文化囊括文字、语言、诗歌、知识、习俗等非物质元素，它们依托广为接纳的价值观代代相传，成为习惯，由此锚定文化范畴。聚焦小群体，如一户人家坚持"人齐开饭"、一家企业"迟到早退"成风，前者彰显家庭温情秩序，后者反映企业日常状态，因其被群体接纳化作习惯，便成了独特的"微文化"；反观墙上的标语，若只是装点，未落地践行、未得到认同、未成习惯，自然称不上是内部文化。日本茶道界亦当自省，"和、敬、清、寂"是深入人心的圭臬，还是流于形式的空喊？

美是灵魂与世界的互动，亦是灵魂对价值观的求索。它既是人生的不懈追求，也是人生的珍贵体验。

在情感领域，美学为我们的内心世界注入了丰富的色彩，给予我们情感的寄托和共鸣，让我们体验到诸如愉悦、感动、敬畏等情绪，塑造着我们的精神世界。美学也使我们的情感变得细腻且敏锐，令我们在面对生活的艰辛与挑战时，能够觅得一处宁静的港湾。

茶室美学是日本茶道的重要构成部分，其追求清洁、简约、静谧与自然的文化传统，旨在于简朴之中探寻生活的真谛。

日本茶室通常建于自然风景秀美的地方，人们于此能够体悟大自然的美妙与宁静。茶室的格调与布局需与周围环境相融，营造出与自然和谐共生的感觉。室内的设计和布置极为讲究，人们往往会选用竹、木、纸等自然材料，以营造质朴、自然的氛围。同时，还会运用一些自然的装饰品，诸如花草、石头等，来增添茶室的美感。灯光在茶室中亦扮演重要角色，应尽量维持自然光线，以营造出自然本真的氛围。茶室的一切事宜皆需遵循茶道精神的美学原则，这种审美观念亦影响了日本其他方面的文化，例如园林设计、建筑风格等。

关于茶室审美，《茶之书》中有一段描述：

日本茶室被称作"空之屋"。茶室的外观毫不起眼，面积甚至比日本普通房屋还要狭小，但其选用的建筑材料，则在刻意追求的简朴之下蕴藏着高贵。不可忽略的是，这些呈现于外的结构有着意义深远的艺术构思，细微之处所花费的心血也许远超那些富丽堂皇的宫殿和寺院。设计一间好的茶室，所需费用要超过一栋普通的宅邸，因为，在茶室建材的挑选和施工技术上，都需要极度的细心和精确。实际上，茶人所雇请的木工都是匠人中技术精湛的佼佼者，出自他们之手的作品，毫不逊色于最出色的漆器匠人。

即使在白天，茶室的光线也很柔和——茶室斜顶垂檐的设计只允许少量阳光进入室内。

茶室的布置绝对要避免重复。各种装饰物品都要经过精挑细选，保证在色彩和样式上绝对没有重复。如果摆放了鲜花，那么就不要悬挂以鲜花为主题的绘画；如果煮水的铁壶是圆的，那么盛水的器皿就应该使用有棱角的；如果茶碗的材质为黑釉，那么茶罐便不宜再用黑漆。即便是壁龛里的花瓶或香炉，其摆放位置也绝对不能在正中，以免空间被二等分。此外，壁龛的支柱所使用的木材种类，也不能与茶室内的其他柱子相同，以避免茶室的氛围单调。

客人们也要精选服饰，以期与茶室环境相协调。一切事物都要体现出古雅的韵致，凡是新近之物都被禁用，唯有清净无垢的崭新茶筅和麻布茶巾可与之形成新旧对比。

茶室和茶具即便显得古旧，也是干净无比，连最阴暗的角落也是一尘不染，若非如此，主人便不能以茶人自居。

经由以上描述，一间既低调又奢华的茶室浮现在我眼前。小小空间的造价竟超过了豪宅，其美令人叹为观止。

冈仓天心所描述的茶室之美，较多地偏向于直观审美的形式主义美学。持此主张之人，往往着眼于事物的比例与和谐，强调形式上的完美与均衡，注重对形式与技巧的不断锤炼。例如，他们苦心钻研绘画的笔触、色彩的搭配，或是文学的语言与结构、音乐的旋律与节奏，以及技艺动作的到位等。他们试图通过对各种元素的精准掌控和巧妙运用，精心雕琢每一个细节，力求将美展现得淋漓尽致，以创作出具有强烈感染力和独特魅力的艺术作品。我们亦可将这种美称作"规范之美"。规范的本质是在规律中取局部价值以实现路径标准化，不规范则意味着价值的反向发展。因此，也可以说规范是一种戒律。

但倘若将冈仓天心对茶室的审美主张视作现代日本茶道美学的话，那么我觉得它与千利休的茶道精神似乎有所背离。在千利休的时代，豪华的艺术品乃是财富和权力的象征。人们通常依据艺术品的价格来判定其美丑。但千利休的茶道美学却否定了奢华和繁华之美，其以否定被世俗价格和价值所束缚的审美为出发点，通过自身的感知来发现和辨别美。在否定的同时，获取新的肯定。正是千利休的这一主张，使得其茶道由贵族向民间推广普及。所以，我认为日本当代这种过分追求极致乃至奢华的主张并非正宗茶道精神的体现。

不过，这也可能是我理解上的偏差。文化和语言的差异总会对情感的理解造成阻碍，这种差异亦涵盖了审美的差异。例如，中国人喜爱大气、热闹、吉祥，而日本人则偏好别致、肃穆、伤春悲秋。即便面对相同的审美对象，如书画的朴拙、内敛、深邃、谦和、隽永等，双方的感受亦会有所不同。中国人习惯将这些现象理解为水平的高深，而日本人则会引发落寞、悲凉、无奈的情怀。当我们试图以中国文化的视角去理解日本文化时，或许无法切实感受到凋零美、枯淡美、凄清美和萧寂美所带来的情感，也无法全然体悟到他们独特的幽玄、物哀和侘寂之情。

由此可见，美学是有争议的，因为在规范范畴内的审美往往容易产生冲突。先不说规范的标准通常不统一，单是价值取向就会因个体差异而有所不同。

实际上，在很大程度上，美是一种主观的体验与情感反应。同一件事物，在不同人眼中可能呈现出各不相同的美，这是由于每个人的经历、心境以及审美趣味存在差别，进而产生不同的感受。美既包含客观属性，又离不开主观感受；既存在普遍规律，又充满个体差异。或许，美的本质就在于其多元性和复杂性。

　　主观美学主要侧重于对主观情感和内在体验的表达。此方向的追求者大多主张作品是作者思想的展现，强调情感的宣泄和理念的表达。甚至有人认为，真正的美并非仅仅是外在表象，还蕴含着内在的道德与精神价值。那些能够唤起人们善良情感、高尚品德的事物，被视作美的典范。他们倾向于将美与善紧密相连。在这种情况下，美成为一种道德的象征和引领。这种审美也是主观美学的典型代表。可见，不管是弗洛伊德的精神分析美学，还是保罗·萨特的存在主义美学，抑或表现主义美学，都属于主观美学的范畴。

　　若我们从主观审美的角度来展开对日本茶道美学的探究，我认为其主张的茶道四谛——"和、敬、清、寂"正是其美学的核心内涵。尽管曾有记载称："千利休有言：'和而不流，敬而不谄，清而洁之，寂而不燥'。"但此种解读同样充满了主观色彩。结合当下社会的主流解释，可将四谛美学粗略地总结为三个方面的和谐。

　　一是外在世界的和谐，注重自然、朴素、凄婉、残缺的审美，强调对自然的敬意与尊重。

　　二是内外世界的和谐，注重仪式和情感的重要性，强调人与自然以及人与人之间的和谐关系。

　　三是内在世界的和谐，注重内心的清净、平和以及思想的解放，强调当下的重要性，即专注于当下的体验并珍惜这一时刻。

　　主观审美，既兼顾了直观，又不局限于直观，它往往是由规范走向规模的一种体现。将直观审美和主观审美应用于同一事物，便可看出其境界的明显区别。我们以日本茶道中的一种重要事物为例。

　　前面我们提到：村田珠光在得到师父一休和尚的印证后创立了"茶道"。而印证之物便是宋代高僧圆悟克勤在领悟茶的无穷奥妙后创作的一幅书法作品：《茶禅一味》。自此，"茶禅一味"四字与茶事结下了不解之缘，在众多茶室和茶空间中经常能够看到这四个字。也正是因为村田珠光开创了在茶室悬挂书法作品作为茶会主题的先河，才有了后来书法作品几乎成为茶室美学"标配"

的局面。而书法的审美，恰是其业界颇具争议的话题。

我们从直观审美的规范价值说起，历史上诸多专家对书法的规范均有论述。例如，王羲之在给儿子王献之传授书法经验时道："字要自然、宽狭得宜、分间布白、远近宜均、上下得所、自然平稳。"

米芾也曾言："字要骨格，肉须裹筋，筋须藏肉……稳不俗，险不怪，老不枯，润不肥……贵形不贵作，作入画，画入俗：皆字病也。"

倘若以这些标准作为书法审美的入门，似乎并无争议，毕竟统一了标准，冲突自然就少了。若进一步提升至主观审美的规模能量来看，书法的审美就没那么简单了。

规模是由思想组合了规范而形成的模式。例如书法的持续练习会因规范的叠加而产生规模效应，用规模的能量去感知一幅字，能够觉察到作者平日的练习是否充分和规范。然而，规模毕竟是由思想组合而成的一个整体。有了整体的价值取向，就会对局部具备更大的包容性。例如《祭侄文稿》和《兰亭序》等优秀作品，其中有各种不规范的涂鸦。但正是这些不规范反映出背后无尽规范的沉淀，体现了规模的能量。可见，规模是由量变到质变的过程。

现实中，有些人因感受到了规模能量的效应，不愿承受规范练习的艰辛，于是另辟蹊径，将重点置于"思想"上，轻规范重组合，致使大量丑陋作品不断涌现。因此，社会上出现了各种"专家体""干部体""院体""江湖体"等。这些作品只能蒙骗那些不懂规范的庸俗观众，难以登上艺术的高雅殿堂，如今的茶道美学似乎也给人此类感觉。

若以"精气神"来形容审美，规范的水平停留在"精"上，而规模的水平则达至"气"的层次。这也让我联想到宋代的黄庭坚在《跋东坡书远景楼赋后》中所说："余谓东坡书，学问文章之气，郁郁芊芊，发于笔墨之间，此所以他人终莫能及尔。"在黄庭坚看来，苏东坡的书法所体现的"书卷气"处于相当高的水平。不过，米芾却将苏东坡的书法定义为俗品。当然，在米芾眼中，黄庭坚的水平连苏东坡都不及，以至于他当着皇帝的面评价道：蔡京不得笔、蔡襄勒字、黄庭坚描字、苏轼画字、臣（自己）刷字。水平不同，所见景象自然不同。

从米芾评价欧阳询的"道林之寺"四个字写得寒俭且无精神，批判柳公权为"丑怪恶札之祖。自柳世始有俗书"，对颜真卿书法的评价为"颜鲁公行字可教，真便入俗品"，便能看出他对书法的追求已然达至求"神"的层次。所以他赞誉葛洪所写的"天台之观"为"飞白，为大字之冠、古今第一"。王安石的一句名言："不必勉强方通神。"也与米芾的追求相呼应。

"神"的层次对应的是规律的能量。规律超越规范却又不失其本质，规律是一种无所求且不执着的自然状态。当我们观览颜真卿的《祭侄文稿》就能感受到其已无心书法却又美不胜收，又能感受到其字里行间所表露出的极大愤慨。代入作者的创作背景，似乎能够联想到千军万马的战斗和报仇雪恨的必胜信念，米芾从作品中洞悉了作者的灵魂，以至给出可入教科书的评价。

于艺术创作中，规律是超越规范的一种能量，它代表着自然、灵气和生命力。正向的规范与规模皆源于规律，从"神"出发，作品便是作者灵魂的延伸。

在审美上，除了直观美学与主观美学，还有内观美学。日本茶道的"侘茶"正是内观美学的体现。不过，随着我对日本茶道研究的深入，愈发感觉当下的日本茶道与往昔的村田珠光茶道存在着极大的差别。日本茶道的创建之初就与美紧密相连。日本学者柳宗悦说："茶乃美的宗教，茶境系美的法境。"

柳宗悦在《茶之美》中写道："'寂'的理念并不是追求完美而正确。冈仓天心将'茶之美'称为'不完全之美'，久松真一教授进一步将其称之为'对完全的否定之美'。实际上，从完全或者不完全的二元状态中摆脱出来的美才是'茶之美'，我借用禅语来说明'茶之美'，称之为'无事之美'，也可以理解为'平常之美''无碍之美'。不执着于完全或不完全的'自在美'，才是'茶之美'。"此番表达正是对内观美学的诠释。

柳宗悦站在"无相"的角度，达到对完全与不完全不加区分的境地，其主张"完全即不完全"，只有不被完全和不完全二相所拘束的自由之美，才是茶之美的本质确属高明之见。由此也能看得出，他之所以会说："真正的'茶之美'在武野绍鸥的时代就已经结束了。到了千利休时，茶已经被限定在若干程式中，开始了其衰落的历史。"从以上见地来看，他是有资格说这话的。

罗素说："世界上并不缺少美，而是缺少发现美的眼睛。"而内观之美，恰恰是建立在"无"的基础上。从美学而言，三观（直观、主观、内观）正是我们的眼睛，三规（规范、规模、规律）则是视力水平。美虽无处不在，但需要我们经常把眼睛打开，并以美学来锻炼我们的视力。

美学不仅提升了我们的审美标准，也丰富了我们的生活，促进了文化与精神的传承与创新。它如同一把钥匙，开启了我们对世界的深刻理解；又似一盏明灯，照亮了我们心灵的深处，滋润了我们的灵魂，启迪了我们的智慧。

第十节

茶道之生命观

　　生命观是指人们对于生命的本质、意义以及生命过程的总体看法。它涵盖了对生命的起源、发展以及终结的认识，还有对生命与世界、自我之间关系的理解。由此可见，生命观必然具有多元且极具个性化的特性。

　　本节只是对狭义的生命观在茶道里的体现予以探讨。我们同样将《茶之书》的内容以及茶道理念当作切入点展开讨论，就这个话题而言，书中竟然有两篇内容与此极为契合，比如作者在《花》篇中描述道：

　　为何花朵生得红颜，却如此薄命？虫豸尚且能叮咬自卫；即便温顺的动物，若是走投无路也会放手一搏；因可做帽饰的羽毛而被人类觊觎的飞禽，能够飞离猎人的追捕；那些毛皮令人垂涎得想据为己有的走兽，也会在你靠近时隐匿了踪迹。唉，我们知道唯一有翅膀的花就是蝴蝶了，其他的花都只能在破坏者面前，孤独无援地站立。倘若它们在临终之时痛苦悲鸣，它们的呼号也无法抵达我们冷酷的双耳。就像我们总对那些默默爱我们为我们付出的人很残忍一样，总有一天，我们会为我们的残忍付出代价，那些最好的朋友也会弃我们而去。难道你没有注意到，那些野花年年都在变得日渐稀疏吗？想必野花中的智者对它们说，暂时离去吧，直到人类变得更有人性。或许它们已迁徙至一片新天地。

作者对花的描述，充分体现了其对自然的欣赏以及对生命的敬畏之情。他巧妙地将西方人对待花卉的方式与茶道的价值观进行了对比，用充满诗意的笔触赋予了花卉情感与灵魂，呈现出一种难以用言语来形容的魅力。尤其是他提及东方的茶道师在修剪花枝时，若是多剪了一枝，便会心生愧疚。他们倡导尊重和关爱花朵，就如同对待人一样。这种对生命的尊重，使我深受触动。从生命力的层面来看，植物与动物并没有什么不同，我对此非常认同。这一理念提醒我们，对于自然界的花草树木，乃至周边的一切生命，都应当怀有敬畏之心。

东方的插花艺术，体现了对自然之美的独特追求。插花作品不仅是一种装饰，其更承载着深刻的寓意与象征。借由花卉的精妙组合与搭配，传递出对生命力的赞美以及对艺术之美的追求，为人们带来心灵深处的愉悦与宁静。

同时，插花还具有舒缓压力、提升生活品质的功效。通过投身于插花的创作过程，人们能够充分展露自身的情愫，达成抒发情感的良好效果。

此外，插花与生命观紧密相依，对提升审美水平和艺术涵养大有助益。人们凭借花卉表达人生的哲理和生命的智慧，感悟生命的真谛与意义。

在日本，插花亦被称作花道。由于文化的差别，中日两国的插花艺术在某些方面呈现出不同特性。例如，中国插花侧重"名"所蕴含的吉祥寓意与情感寄托，而日本则更注重"形"所表达的意境感受，如侘寂审美等。这种差异源自不同的生命观，是由各自厚重的历史沉淀所形成。

对于人来说，艺术的本质是让人感到舒服。比如，夸某人说话很艺术、做人很艺术，包括作品的艺术性，都是因为让人感到舒服。主观上使人舒服属于一种愿力，愿力的外在体现便是利他和梦想。它常常把实现他人的价值当作自身的价值。我们常说："愿力就是无限循环的'缘'，而节奏就是那个'分'。"倘若说"愿"是为机会负责，那么，节奏便是为结果负责。因此，事物与文化的持续发展，必须有"愿"。

有关生命观的论题，在《茶之书》的最后一篇当中有着诸多阐释，作者借由大师千利休的自裁过程，将读者的阅读情绪推至高潮。冈仓天心将千利休的死描述成艺术家与暴君之间的对抗，然而从故事情节来看，这种对抗并未得到充分体现。为深入探究千利休死前的细节，我参考了其他的资料。实际上，并无太多值得歌颂之处。他悲剧结局的成因在于他与丰臣秀吉等权贵性格不合，以及他在处理事务时的不当举措。

如《茶之书》中所写："太阁秀吉（丰臣秀吉）与千利休有着长久的情谊，这位武人对茶道大师亦极为敬重。然而，伴君如伴虎，在那个背信弃义、礼乐崩坏的时代，人们甚至连至亲都不敢相信。千利休并非善于谄媚的佞人，与那位残暴的主公太阁秀吉产生冲突便成为家常便饭。千利休之敌便利用他与太阁之间的嫌隙，告发他意图毒杀这位暴君：千利休为太阁秀吉奉上的绿茶之中，有可能放了致命毒药。这话传到了秀吉的耳中。不需要任何证据，单是秀吉的疑心便足以定人死罪。在暴君的盛怒和淫威之下，任何辩解和申诉都是无力的。对将死之人唯一的恩典便是：准许他自裁以保留尊严。"

《宗湛日记》中记载："丰臣秀吉不喜欢黑色茶碗，千利休虽口头称'黑怀古心，赤显杂念'，却让长次郎为其制作红色茶碗。"这表明千利休并未坚守原则，其软弱易使秀吉轻视他。此外，桑田忠亲在《茶道六百年》中总结千利休被勒令自杀的主要原因有二：其一，在茶器买卖中营私舞弊、欺诈蒙骗；其二，身为町人，权力过大，不仅插手秀吉的政治事务，还干预外交，甚至狂妄到在大德寺山门前设立自己的雕像。

根据各种资料可以看出，千利休死亡的过程虽然壮烈，但并不洒脱，看似做到了从容，实则处处体现出无奈与遗憾。

第二章

茶文化篇

第一节

中华文化脉络浅析

中华文化犹如茶一般，具有源远流长的发展历程和极为深厚的内涵底蕴。若要对其进行深入探究，不妨从两个维度入手：底层逻辑与终极思考。底层逻辑反映了常见的现象和大众的行为模式，而终极思考则体现了个体的深度和群体的愿景。这两者与社会的秩序和幸福感息息相关。中国茶文化正是扎根于这样的文化底层逻辑之中。

简而言之，文化是指被群体所认同的价值观和习惯。文化始终随着管理制度和社会秩序的变化而不断演进。基于此，我们可以依据管理形式和制度的形成轨迹，对中华文化发展的主要阶段进行简要梳理。

考古资料表明，大约在 5000 ~ 7000 年前，中国社会由母系氏族社会向父系氏族社会过渡，这一转变伴随着社会结构的演变，仰韶文化便是这一时期的有力见证。

约公元前 4300 年至公元前 2500 年的大汶口文化，进一步彰显了父系氏族社会的特征。在其考古遗址中，男性墓葬内随葬的猪头、猪骨等象征财富的物品，凸显了男性的社会地位和实力，这也是社会物资分配以权力为导向的一种表现。

随着私有制的日益成熟，"家文化"逐渐成为社会文化的核心要素。正如恩格斯在《家庭、私有制和国家的起源》中所论述的那样，家庭结构的演变与私有财产的出现紧密相连。私有财产的确立以及与权利分配的结合，催生了社会阶级的分化，为日后的社会对立埋下了伏笔。

随着文明的不断进步，动物本能逐渐向人性转变，部落的稳定以及人们对领导权的争夺使得管理能力的重要性日益凸显。虽说管理中原始的"惩戒权"与"奖赏权"能够满足部分需求，但它们并不能解决所有问题。在那个时期，随着生殖崇拜、图腾崇拜、自然崇拜等观念的不断强化，那些能够解释自然现象、预测吉凶祸福、治病救人、传授生存技能并给予人们巨大帮助的人，开始掌握一种新的权利——名理权，也就是我们所说的名正言顺。这种权利，源于超能力、神明、自然、天地信仰，成为领袖不可或缺的重要依仗。由此，"伦理文化"应运而生，管理方式也迈入了一个新的文明阶段。

随着社会的不断发展，财物掠夺以及地盘争夺成为常见态势，部落之间战争频发，结盟遂成为生存的必然选择。部落日益壮大的同时经济利益方面的冲突加剧，矛盾也日渐尖锐。聪慧的首领开始懂得承担责任，并借助爱来获取"魅力权"，地位与贡献值的相互关联催生了"天下为公"这一价值观。在此种背景之下，禅让制度应运而生，标志着"尚德文化"的起始。

《尚书·尧典》记载帝尧的治理智慧："克明俊德，以亲九族。九族既睦，平章百姓。百姓昭明，协和万邦。"还有《尚书·大禹谟》中帝舜禅让时对大禹的教诲："人心惟危，道心惟微，惟精惟一，允执厥中。"这些论述深刻彰显了古人不以"有所得"为追求的"上德"思想，以及"以百姓为刍狗"的爱天下理念。至此，管理中的四项权利和三大文化体系基本成型，确立了名、权、利之间关联的文化基因。

历经伏羲、炎帝、黄帝、尧、舜、禹等朝代的更迭，夏启终结了禅让的传统，创建了夏王朝，开启了"家天下"的世袭制时代，这一变革给中国后世三千多年的历史带来了极为深远的影响。

一、管理中的四项权利

1. 名理权

它关乎名义上的合理性，是社会秩序形成后管理中首先出现的权利。例如，神管人、父管子、官管民等，伦理纲常都在其中。然而，正因为名理权强调名义上的正当性，它的合理性也容易受到质疑，如果长期单独使用，其效力会逐渐减弱。

2. 惩戒权

这是行使惩罚的权利。最初，人类通过暴力来获取这种权利。但在现代文明社会中，惩戒权似乎已成为效力较弱的权利之一，其效果往往需要与其他三种权利相结合才能发挥。

3. 奖赏权

它涉及奖励的权利。从"人为财死，鸟为食亡"的古语中，我们可以看出奖赏权的重要性。权利之所以受到争夺，很大程度上是因为权利与资源分配密切相关，因此奖赏权是一个非常重要的权利。

4. 魅力权

管理的最高境界是赢得自己的追随者，如现代的粉丝经济，"士为知己者死"也是一个很好的例子。在当代社会，人们通常通过个人能力或人格魅力来获得这种权利。

二、三大文化体系

1. 家文化

从字形来看，"家"指的是共同拥有一头猪的群体。想象这样一个场景：部落成员捕获了三头猪，要在六十人的部落中进行公平分配。为实现公平，六十人被分为三组，每组二十人共同拥有一头猪，这样就形成了三个家的单位。在分配时，有人可能会说："大家都有啊。"这里的"大家"指的是与他同组的人。

随着物资的变化，比如第二天捕获了五头猪，部落可能会重新分组，变成五组，每组十二人共享一头猪。这时，那人又喊："大家都有啊"，但今天他所说的"大家"已经变成了当前与他同组的十二人。昨天与他同一个"家"但今天被分到其他组的人，现在已经不再是他的"家人"。即使他有一个儿子，如果儿子被分到了其他组，他所说的"大家"也不包括他的儿子。他的儿子现在与其他人是一家，而不是与他一家。这一规矩在当今的"子嗣过继"规则中也有很好的体现。

如果有人偷吃被发现，为了惩罚他，临时家庭可能会决定不给他分配食物。在分配时，有人会喊道："大家都有啊。"这时，"大家"只包括有资格分享食物的人，被处罚的人不再被视为"大家"的一部分。

此外，"家"的组成还有另一种形式：当一个村庄与另一个村庄为了某些利益而竞争时，尽管村民们可能不同姓，但他们仍然被视为一个大家庭。同样，在国家间的竞赛中，整个国家的全体公民也构成了一个大家庭。

由此可见，"家"的概念取决于是否是利益共同体。利益可以是物质的，也可以是精神的。家的成员可以是一个人，也可以是父母和孩子，甚至可以扩展到一个村庄、一个民族、一个国家，乃至全人类。随着利益分配的变化和家庭成员的增减，家也会随之改变。在中国文化中，家人被视为利益共同体。

作为利益共同体，家庭成员需要相互合作、团结、关爱，甚至监督。这些行为都是为了增强共同体的力量，创造更多的共同财富。对外的一切名、权、利和生存关系都以家为单位，勤俭精神也由此产生。发展至今，形成了以血缘关系为纽带、以利益分配为核心的家庭本位社会。

2. 伦理文化

它源于对天地、神明、自然等不可抗力的敬畏，这种敬畏催生了屈服和效劳之心。在日常生活中，我们常提到的三纲五常等，都属于伦理文化的范畴。

五常则涵盖了人文领域的五个方面：仁、义、礼、智、信。这些品质被视为人类行为的基石，对于维护社会秩序和提升个人品行具有深远的影响。

三纲则指人伦关系中的三个基本原则：君为臣纲，父为子纲，夫为妻纲。这些原则强调了尊卑、长幼、亲疏等社会关系，构成了一种不可逾越的秩序。

3. 尚德文化

原始的尚德即《道德经》中所说的上德，即无私的大爱、无对象分别心、不为有所得而为的利他精神。随着时间的流逝，尚德的含义也发生了演变。

在周武王成功推翻商纣王的统治之后，关于天下归属的争议随之产生。由于中国历经夏商两朝的家天下统治，从伦理上讲，人们普遍认同商朝天子代表天意掌管天下，以世袭为正统。然而，天子的统治被推翻了，各路诸侯便不再承认天子的地位。在这个关键时刻，姜尚提出了一个观点："天下非一人之天下，乃天下人之天下。故天命无常，惟有德者居之。"姜尚与周公通过强调"有德"来颠覆"天伦"，确立了整个文化认同的基础。从那时起，"有德即有得"的理念取代了上古时期"以无得为有德"的尚德观念。后来，老子在《道德经》中对这种行为进行了严厉的批判。

因此，大丈夫应要实实在在的厚德，而不要漫无方向的宏德，要真正地按德而行，不要去装裱德。

姜尚和周公提出了新的"德"概念，就要落实到大家都"有所得"，天子以"德"得天下，诸侯以"德"得疆土。所有人都能得到好处，且各路诸侯也无力反抗实力强大的周室，于是在有利于自己的条件下，他们接受了周室倡导的"德"的理念，并尊奉周武王为天子，封建制度随之登上历史舞台。

在姜尚和周公的协助下，周武王对神农氏、黄帝、尧、舜、大禹等先贤圣人的后代进行了封赏，分别封于焦、祝、蓟、陈、杞等地。同时，他还封姜尚于齐、周公于鲁、召公奭于燕、叔鲜于管、叔度于蔡，以及商纣王的儿子武庚于殷等。这些封赏涵盖了先贤圣人的后代、伐纣的功臣、周室子弟以及殷商的后代。

后来，为了加强统治，周公在洛邑（今河南洛阳）另建了一座都城，作为东部的政治和军事中心。他进一步实行封建制度，使诸侯国能够保卫周室。周公还封赏了殷宗室微子启于宋，封武王弟康叔于卫，封成王弟于唐等。通过这些举措，周公巩固了周室的统治，使封建制度更加深入人心。

新的伦理观念需要相应的制度来维护。周公结合了封建制度、传统伦理文化和家文化，创立了嫡庶制度和宗法制度，并推广礼乐，倡导以德治国、尊德尚贤、德行天下的理念。

这种基于亲情关系的政治制度在初期取得了良好效果，并开创了一段时期的太平盛世。但随着时间的推移，世袭诸侯之间的血缘关系逐渐疏远，最终导致了诸侯割据争霸的局面，礼乐制度瓦解，道德仁义变成了空洞的摆设。

到了春秋时期，孔子重新整理了周公所定的道德礼乐，形成了儒家学说，并广为流传。随着贵族阶层的下沉，书籍和知识流入民间，原本主要服务于政治的礼乐制度逐渐渗透到民间的人际交往中，儒学最终成为中华文化的底层基因。

尽管孔子的学说非常完善，但它本质上仍然是为了维护周王朝。在诸侯依靠武力争霸的时代，儒家学说无法被各诸侯采纳。霸主们希望找到一种新的学说，以招揽人心，使自己名正言顺地统一天下。因此，百家争鸣的局面出现了。

然而，在所有学派都围绕政治名利展开时，道家却显得与众不同。他们淡泊名利，厌倦纷争，致力于修身养性，思考宇宙和人生。

有人认为老子是道家的创始人，因为他撰写了《道德经》。但从本质上讲，道家思想的起源可以追溯到几千年前。老子只是道统思想的集大成者，他所推崇的道德是"无对象而为"的天伦之道、自然之道。在《道德经》中，老子将道家独特的世界观、人生观和价值观表达得淋漓尽致，展现了道家思想的精髓。

（1）宇宙观

简版《老子》丙本中提到："太一❶生水。水反辅太一，是以成天。天反辅太一，是以成地。天地复相辅也，是以成神明。神明复相辅也，是以成阴阳。"

白话解释为：道孕育出水。水又反辅道，生成混混沌沌的宇宙天象。混沌的宇宙又反辅道，混沌的宇宙由浊向清，清明后而孕育出地。清明的天地又相辅道，孕育出神明。神明与道相辅，孕育出阴阳，即生命力与道结合孕育出万物生灵。这为后面"万物负阴而抱阳，冲气以为和"的理论提供了基础。

（2）运行观

简版《老子》丙本中提及："天道贵弱，削成者以益生者；伐于强，积于弱，谓上下之道也。"

白话解释为：天道是遵循递弱代偿原理的，它通过弥补弱处而生成新的事物；对强处进行削减，使削减的部分流向弱处而趋于平衡，这正是"损有余而补不足"的天道运行规律。基于这一规律，产生了"通过消亡来促进新形态的诞生"的现象。进一步呼应了"反者道之动，弱者道之用"的理论思想。

---

❶ 太一：广义的理解就是道；狭义的理解为冥冥之中的能量。

（3）人文观

《道德经》载："有物混成，先天地生。寂兮寥兮，独立而不改，周行而不殆，可以为天下母。吾不知其名，字之曰道。强为之名曰大。大曰逝，逝曰远，远曰反。故道大、天大、地大、人亦大。域中有四大，而人居其一焉。人法地，地法天，天法道，道法自然。"

这一段在"缘起"一节中已经解释过，这正是天人合一之观念的起点。

文化随着历史的发展而不断演变。当周朝走向衰亡之时，秦国通过一系列改革，使国家变得先进而强大，最终凭借武力统一了天下。然而，秦始皇面临一个重大问题：如何让这个依靠武力建立的国家稳定下来，即如何赢得人心。《史记》中记载："天下初定，又复立国，是树兵也，而求其宁息，岂不难哉！"

李斯洞察到周朝灭亡的根本原因，即封建制度下诸侯血缘关系的疏远，导致了天下的纷争。《秦始皇本纪》记载："周文、武所封子弟同姓甚众，然后属疏远，相攻击如仇雠，诸侯更相诛伐，周天子弗能禁止。" 因此，秦朝推行了郡县制，这标志着官僚政治开始取代血缘政治，有利于中央集权的加强和国家的统一。

又有《史记·秦始皇本纪》中载："始皇推终始五德之传，以为周得火德，秦代周德、从所不胜。方今水德之始，改年始，朝贺皆自十月朔。"意思是说：今周失其火德，而秦朝是以水德代周，名正言顺。此论调正是呼应了周朝所倡导的"天命有常，惟有德者居之"的价值观。

秦刚统一天下时秦始皇说："寡人以眇眇之身，兴兵诛暴乱，赖宗庙之灵，六王咸伏其辜，天下大定。今名号不更，无以称成功，传后世。"

李斯指出："昔者五帝地方千里，其外侯服、夷服，诸侯或朝或否，天子不能制。今陛下兴义兵，诛残贼，平定天下，海内为郡县，法令由一统，自上古以来未尝有，五帝所不及。"

群臣建议："古有天皇，有地皇，有泰皇，泰皇最贵。臣等昧死上尊号，王为'泰皇'。命为制，令为诏，天子自称曰'朕'。"

秦始皇决定去"泰"，著"皇"，下令说："朕为始皇帝，后世以计数，二世三世至于万世，传之无穷。"

秦始皇为实现万世一统之梦想，禁止了传承周朝"道德礼乐"的儒家学说，此举既是为了摆脱"德"的桎梏，也是为了防止未来再次出现"有德者居之"的局面。

生命力是一种促使个体存在、发展与变化的内在力量。它具有内在性、自主性、适应性、创造性、整体关联性，同时还具备超越性与目的性等特质，是一种驱动力量。尽管我们对于生命力的认知在持续不断地深化与拓展，然而，就生命力的起源而言，当下的科学界仍旧未能得出确切论断。正因为其在人类的生存与发展中所发挥的作用极为关键，所以对其加以认识与把握，成为科学界、哲学界等诸多领域的兴趣点。

就生命而言，人是由什么构成的也是一个复杂且充满争议的问题。从物理学的视角来看，存在这样一种观点，即这个世界具有波粒二象性，也就是说物质和光均具有波动性与粒子性。德布罗意在 1924 年提出了"物质波"假说，其后电子衍射实验也对该观点予以证实。2015 年，瑞士科学家成功拍摄出光同时展现出波粒二象性的照片。这引发了一系列思考：这个世界在本质上是否就是虚幻的？人是否也是虚幻的？

另外，从元素的角度出发，人体主要由碳、氢、氧等元素构成，这些元素早在 138 亿年前的宇宙大爆炸时便已然存在。人体的元素年龄也已达 138 亿年之久。物质是运动的，这是否可以理解为人体内的粒子每时每刻都在不停地进行替换？这种替换或许是一个氢原子替换身体里的另一个氢原子，又或者是氧原子替换氧原子，同类粒子在不断地进行着替换，然而身体的性质却并未发生改变。倘若如此，在历经不断替换之后，你还是往昔的那个你吗？

如果说因为意识的延续而确定你依然是过去的那个你，那么就不得不问：意识究竟是什么？诸多科学研究表明，意识也是物质的一种形式。然而，倘若物质处于持续变化之中，当下的意识是否依旧是过去的意识呢？要是通过意识的延续来证明当下的你就是过去的你的方法行不通，那么这便又是一个忒修斯之船的悖论。

在众多解释当中，生物学的解释或许更易于理解，尤其是对我们的生活具有一定的指导意义。按照生物学的观点，人类起始于受精卵，其代表着新生命的开端。精子会在卵子表面寻找入口，一旦找到适宜的位置，就会分泌酶并钻入其中。一旦有精子进入，卵子会即刻封闭入口，以防止其他精子进入。精子进入后会被降解，而后与卵子的细胞核结合形成双倍体受精卵。至此，两个生命体的生命力统一于一个全新的综合生命力之上，从而形成了一个新的生命体。

受精卵开始发育，逐渐分裂为单个细胞，再分裂为多个细胞，最终形成数百个细胞。这些细胞开始着床并继续发育。经过四周的发育，胎儿开始有心跳。在怀孕的第十四周，胎儿开始在子宫内排泄。到了四到五个月的时候，胎儿开始在母亲的肚子里踢腾。出生之前，胎儿的大脑发育非常快，各种神经突触迅速形成。至此，一个鲜活的生命体系已经形成，最终发展成有几十万亿个细胞的个体。

在这个生长的过程中，每个分裂出的细胞都意味着生命力个体的加入，每个细胞都有其生命力。当各单元的生命力融合在一个生命系统中时，它们都依赖综合生命系统的运行才得以生存。在综合生命系统环境中，个体生命力的存活条件与其是相同的。如果发生了相反的情况，有可能发生个体生命消亡以使综合生命体系继续存活的现象，这就涉及代谢和次代谢。还有一种可能是，个体生命力的存活节奏干扰了综合生命系统的运行节奏与平衡，就形成了病害。如果平衡得不到修复，进一步打破了循环，综合生命体系就会死亡。

另外，每一个生命力都有永生的倾向，个体生命力的永生倾向就是其依附的综合生命力得癌症的原因。而存活的条件取向又产生一种抑癌基因，以防止个体生命力追求永生而走向共同毁灭。例如 2019 年的新冠病毒，尽管它还没有达到科学上所定义的生命条件，甚至离成为细胞都还差得很远，它还在无机和有机之间难以界定。但它已经有生命力了，有了永生的倾向和寄生的技能。这让我们不禁思考：新冠病毒的生命力从何而来？特别是疫情刚开始的时候，它的危害性还那么强。

为了交流的顺畅，首先，我们需要对表述"生命力"的术语予以统一。

基于生命力追求"永生"的倾向，它会产生两大需求。第一需求是"存在"。当生命力在"永生"遭遇挑战时，会期望通过繁殖来达成变相的"存在"，进而催生出第二需求——"延续"。

一、存在

生命力追求"活着"的状态，包括"形式存在"和"利于存在"两种形式。形式存在是指生命在事实上的存活，而"利于存在"则指的是环境维持生命存活的条件充分。

二、延续

生命力在面临存活威胁或挑战时，会启动延续的欲望。延续同样分为两种形式："实质延续"与"意识延续"。"实质延续"包括繁殖等生物本能的需求。"意识延续"则涵盖人格实现、精神永恒、信仰追求等非物质层面的追求。比如有些人选择不生育孩子，以追求更高层次的"意识延续"。

统一了"存在"与"延续"的定义之后再进一步论述生命力的倾向，主要有以下规律。

① 生命力向生的特征会使其产生亲生命的现象。当生命力遇到更适合生存或繁殖的环境时，会寄生于其中，并融入一个新的生命系统。有些会合二为一，有些则会彼此互相满足形成共利共存模式。（这个规律在制作茶的晾青和搁置环节中有很好的应用。）

② 生命力融入新的生命体系时也有不和谐的状况，此时将会产生消灭对方的倾向。

例如病毒侵入人体，在未能达成妥协时，它会持续侵害人体。令人遗憾的是，人总会遭遇那些寄生于人体却不顾及人的健康生死、只为达成自身永生倾向的病毒。地球或许也是这般情形。从生态的角度来看，地球亦是一个生命体系，人就如同寄生体或细胞，人的生命力同样具有永生的倾向，但切不可将其付诸行动，人若打破平衡去追求永生，便会成为地球生命力系统的癌症，结果只有两个：一是毁灭整个地球生命，二是人类被地球生命力系统的抑癌基因消灭。因此，人类应当警惕发展永生科技并予以实施的人。换言之，永生不应是人生意义的最优选项。生物学家应当以消除人类的痛苦和悲剧为使命，发展符合人伦的医疗体系，而不应去制造违背人性的"喜剧"。

③ 当个体生命力在生命系统中无法得到满足时，会以脱离或死亡的方式凋亡、代谢。换句话说，当生命系统无法满足全部个体生命力的需求时，也会舍弃远心端❶的局部个体。（此规律在制茶的摇青环节中有良好的应用。）

④ 生命力有时会为了达成某种"延续"的欲望而舍弃自身局部的存在，甚

---

❶ 远心端：以人为例，远心端所指的是远离心脏的身体部位（确切而言，是远离心识、神识，即两神封穴中间的位置）。用以说明此观点的例子诸如：年岁渐长时头发变白、脱发，手指、脚趾出现麻木等情况。树木的落叶、单丛茶制作过程中的红边现象等均遵循此原理。这些现象可被视作是生命力的"弃车保帅"之举。

至成为傀儡而打破生命系统第一需求的限制，不惜承受自身局部的消亡，使"延续"成为坚定不移的追求。

这种现象在生物界中广泛存在，如公螳螂交配后被吃等。在某些情形下，生命力为了实现意识延续，甘愿付出生命的代价。例如为救人，为了信仰或大义的实现而选择牺牲的人们。植物的生命力亦是如此，茶树为了结果就会减少长叶。

依据上述规律，我们对生命力的特性予以总结：不管是动物、植物还是人类，生命力皆遵循着相同的特质。尽管科学尚未给出充足的证据来证实植物具备意识，但其生命力依旧是其行为的主要驱动力。生命乃是生命力依附于一个节奏平衡且可持续循环的生命体。一旦生命体的循环、节奏或平衡环节中的任何一项停止，生命力便无法依附，进而被界定为死亡。由于循环、节奏和平衡无法永恒不变，生命自诞生之初便注定是走向死亡的。生命力还承担着维系生命体存活的责任与使命，从而使得自身能够有所依附。因此，生命力会控制生命体，使之成为傀儡。以"生命力的存在和延续"为目标的条件反射成为生命体的宿命，且不受生命体的需求意志左右。刚出生的动物觅食的本能，便是生命力的"存在"需求驱动生命体所做出的无意识的行为❶。存储是生命力基于"存在"需求而促使生命体形成有意识的习惯，它关系到"存在"的续航能力。以至于生命力会将"拥有"伪装成"存在"本身，并让生命体产生认同的错觉❷。生命力在自身得到满足的同时会输出一些诸如"舒服、快乐、幸福"等概念让生命体去体验，但这些体验并非生命力的需求。生命力恰恰在获得巨大保障之时会放松或麻痹，任由生命体去折腾，生命力如同放假一般会逐渐迷失，从而忘记对生命体

---

❶ 无意识的行为涵盖了动物的本能活动和自然的活动等。例如呼吸、进食、挪动等，诸如沙滩上新孵化的海龟，破壳而出后会迅速地朝大海奔跑。在此过程中，有众多鸟类和其他天敌阻拦，稍有迟缓便会沦为他人的腹中餐，只有入水后方能确保自身安全。幼龟不曾接受教育，也未进行过练习，却天然地知晓求生的方向，这都是生命力的驱动所致。

❷ 存在需求主导着存储行为，动物有增加脂肪的欲求，原因在于能量的存储能够让它们更好地生存，甚至体格强壮会拥有更显著的存在感。

进行全面的控制。而生命体在自主活动时，并不会顾及生命力的"存在"需求，以至于有时会对"存在"能力构成实质性的威胁。而当"存在"能力逐渐减弱时，生命力又不得不承受自身局部的消逝。

第二需求会基于第一需求的变化而产生变动。当"存在能力"尚且充裕却逢"存在"受到挑战时，"延续"的欲望将会成为生命力的主要需求方向。"延续"能够体现为新生命体的诞生或生命体以精神、思想等形式对其他生命体产生影响或形成依附关系。"延续"似乎是生命力对生命的一种结算，"延续"的质量与数量几乎成为衡量生命成就的唯一标准。

从生命力的"存在"会屈从于"延续"来看，活得长久并不一定是生命意义的首要考量。这表明生命意义的重点不仅在于时间，还在于空间的拓展。打个夸张的比方：倘若一个人 10 岁便成为植物人，可其依然坚持活到了 100 岁，这样的人生，意义何在？只有时间的累积却没有空间的延展。从某种程度上说，其后的 90 年还比不上常人的 1 年。有些人的时间能够拉伸并推动空间的扩展。例如雷锋等人，他们一直活在人民的心中，他们在人生的意义层面实现了永恒。

结算是我们每个人都必须面对的，因为死亡是每个人都无法逃避的命运。然而，很少有人会为这终将到来的"考试"去学习和训练。

我们之前探讨了"家文化"作为中华文化的根基之一，它对中国的文化传统产生了深远的影响。在这一文化背景下，茶文化不仅深刻地阐释了"家文化"，而且扮演了一个关键角色。在中国，茶文化在"家文化"的范畴内，已经成为构建"临时家庭"的普遍实践。

在许多地方，老年人乐于欢聚一堂，共享品茶的乐趣，相互礼让、彼此温暖，营造出一种"临时家庭"的氛围。共享的茶水不仅是一种物质的享受，更是彼此间共同利益的象征。茶，作为"同吃文化"的重要组成部分，在"家文化"中发挥着沟通桥梁和情感纽带作用。

在我的家乡，当客人来访时，最常见的招待方式是先请他们喝杯茶，经济条件好的家庭还会准备一些零食和糖果。茶之所以能作为招待的媒介，是因为水分补充是人类的基本需求。然而，提供无尽的水会显得过于冷漠和小气，而酒的成本又过高，且有的场合不适宜饮用。在物资匮乏的时代，茶成为最经济的待客方式之一。只需一壶水，加上几片茶叶，便能代表主人的热情与贴心，同时又不失礼数，这体现了"茶淡人情浓"的深刻含义。

在过去的农村，即使在贫困家庭中，如果主人因为贫穷而无法提供茶叶，只是给我们倒了一杯水，我们离开时也会说："谢谢您的茶。"这是一种对主人款待的尊重和感激，即使没有茶，水也代表了主人的心意。如果主人没有来得及招待我们，我们离开时也会说一声："谢谢您的茶。"这在西方文化中可能难以理解："主人没有给我们上茶，为何要感谢对方的茶？"但在中国，这是一种礼仪的体现：客人主动说"谢谢您的茶"，意味着客人已经领受了主人的款待，但因为有急事要先走，请主人不要怪罪。懂得礼数的主人也会感激地回答："茶都没喝一杯就走了。"以承认自己的失礼来表达对客人的歉意。

通过以上叙述，我们能够洞察到茶本身所蕴含的独特热情与包容性。茶作为一种表达情感的方式，它低调而谦逊，恰如其分地传递着人与人之间的情谊。正因如此，茶成为礼仪中极具代表性的物品之一。

在传统婚礼中，茶仪式是不可或缺的环节。男方向女方求婚并赠送聘礼时称为"下茶"或"定茶"，女方接受聘礼则被称为"受茶"。一旦接受了茶礼，便意味着不能再接受其他求婚者，否则会被视为"吃两家茶"，为社会所不齿。婚礼则被称为"合茶"。

在女方出嫁时，男方代表会邀请女方代表饮下一杯茶，而女方代表在饮茶前可以提出各种考验。理论上，如果女方对男方不满意，她们可以选择不饮茶，从而取消婚约。当今社会这个流程之所以还存在，一方面是为了婚礼的热闹，另一方面也是为了表达礼数的完整，寓意不是将女儿"卖"出去，而是尊贵地"下嫁"。因此，男方代表在面对考验或刁难时，需要尽可能礼貌地应对。只有当女方代表饮下茶水，迎娶之事才算正式通过。女子嫁入新家后，第一件事便是向公婆敬茶，这些礼仪都体现了茶在家文化中的重要地位。

茶在家庭中的应用无处不在，例如用茶来祭祀和拜神。我曾询问母亲为何用茶祭祀，她回答说："这是祖辈留下的传统，我从未深思过原因。当然，茶是好东西。而且祭拜时，要用最好的茶叶。"虽然母亲没能说明缘由，但这句"茶是好东西"我听懂了，因为在日常生活中，我们也用最好的东西来招待客人，底层逻辑是表达希望成为一家人的诚意。

记得有一次农历小年，我接到了母亲打来的电话，在简短的寒暄之后，她突然提高声音说："你爸爸最近喝完茶总是亲自清洗他的茶具！一天洗两次，我看他笨手笨脚的，想帮忙，他却不让。我从未见过他这么积极。"

我心中涌起一股温暖，笑着回应说："过两天我就回家，还有一些工作要处理，等事情都办完，我们就可以一起欢欢喜喜地过年了。"

母亲假装不在乎地回答："你忙你的就是了，注意身体。"

挂断电话的那一刻，我眼眶湿润了。母亲没有直接催促我回家，怕影响我的工作，却在暗示我尽快回家。父亲也盼望着儿孙早点回家团聚，希望全家人能聚在一起，好好地喝一杯茶。岁月无情，过年总会给年长的人带来"年不等人"的感慨。

我回到家，晚饭后，父母亲围坐在茶台旁边，我走到冲茶的位置坐下，这通常是我的职责。但父亲却轻声说："我来。"并示意我让座。我口头上说："一样嘛。"身体却不由自主地站了起来。我知道，只要是父亲说他要亲自冲茶，他就会坚持自己来做。

我喝了杯茶后问父亲："您为什么坚持亲自为我们冲茶呢？"

他回答得很简单："你们在外面辛苦了，坐下来安心喝杯茶，事业可以慢慢来，不要太劳累。"

这种套话显然不是底层思想的表达，我希望有更深层次的答案，于是我就问："还有吗？"

父亲说："你看，这是我专门留的最好的茶，我怕你们冲坏了。"

我故意说："我是专业的，怎么可能把茶冲坏了？"稍作停顿，我又说："那让妈妈来冲也一样嘛。"

父亲假装生气地回答："这泡我冲完，明天你们谁愿意冲就谁冲。"

这个故事传达了一个信息：在中国，年纪大了的人，总是希望孩子能多陪在自己身边，即使只是偶尔多看几眼。有人说这是因为年老，怕自己快要离世，舍不得孩子。我进行了一些调查，发现这种"舍不得"只是一种模糊的表达，实际上，它在老人心中所占的比例并不大。

中国的伦理道德有一个特点，作为子女，再孝顺父母都是应该的，父母哪怕再感动，也不能用感恩来形容或表达，只能说是对孩子的欣慰和鼓励，说句感谢的话都显得见外。但是，当父母想要表达对孩子的感激之情时，他们通常会想着为孩子做更多的事情。

因此，父亲通过为我冲泡茶，表示犒劳的同时也表达了他内心的感激。至于父母希望与孩子在一起，更多的是因为行动不便的老人怕偶尔有个闪失，但并不会因为这个原因去为孩子做事。所以，父亲的执拗，源于他想通过做这点事情来对孩子付出更多的爱，这也是老一辈人所在乎的礼数延伸。

中国的茶文化并非总是追求高大上，它的魅力往往蕴含在日常生活的点滴之中。这种亲切而朴素的茶文化，正是中国茶道的一部分，体现了"大道至简"的哲学。

2015 年，由于我所参与投资的项目遭遇了一些挑战，我决定召集一群好友和相关单位的负责人一同来商讨应对之策。鉴于预计会议将持续较长时间，我便安排在会场提供午餐。在会前，我让助理着手准备会场事宜。

助理向我询问道："需要准备什么酒水？"

这让我稍感意外，因为在过往的会议中向来都是饮茶的。于是我问了助理为什么会这么问。

助理回答说："我不知道您邀请的朋友是否有特别的喜好或需求，而中午有一起吃饭的安排。"

我意识到自己交代得不够详尽，同时也对助理考虑得如此周全表示赞赏。于是我告诉她只需要准备茶水即可，至于茶叶，我会亲自准备。

于中国而言，不管是庆功、联谊，抑或纪念等各类聚会，皆有"无酒不成席"之说。然而，在正式的会议场合，更倾向于选择茶。这是因为会议的主要目的是商讨事务，需要保持清晰的思维和冷静的判断。茶水不仅代表了清醒和专注，也象征着承担后果和责任的态度。即便是在会议中取得积极成果需要庆祝时，也可以以茶代酒，这展现了茶的另一层文化意义——千秋大业一壶茶。

我在广东潮汕地区生活长达二十余年，在此地，每家每户的客厅都摆放着一套精致的工夫茶具。当有客人来访时，主人必定要热情地烧水沏茶，这不单是一种礼仪，更是一种深深植根于内心的责任与义务。倘若主人未能为客人泡上一杯茶，不仅可能引发客人的不满，甚至可能致使关系疏远。

我们在电影中常见，当社会团体之间产生矛盾时，第三方会摆设一个"茶局"来进行调解，而非选择饮酒。这是因为茶能够避免人们酒后失态或者借酒撒疯的情况发生，在这种情形下，茶所代表的是"和气"与"责任"。这种以茶为媒介的调解方式在社会中亦极为普遍。不管是工作中的不快、朋友间的矛盾，还是家庭中的小摩擦，都可通过共饮一杯茶来缓和，使关系更为和谐。喝茶这一行为之所以能够象征"和气"与"责任"，是因为它与"家文化"的内在逻辑相契合。

以上这些细微的茶文化均体现了茶在"同吃文化"中的应用。而"同吃"背后所反映的是"家文化"的深层逻辑，它也意味着"共同责任"。恰如儿时父母在茶余饭后所讲述的古代故事：伯邑考代父受死以营救父亲出狱；哪吒为不连累家人，削骨还肉以平息龙王之怒；大禹因责任，在治水期间三过家门而不入。这些故事皆是责任教育的生动教材，对中国人的家庭观念产生了深远的影响。

在中国古代社会，家庭被视为一个不可分割的整体。若一个人犯了罪，那么整个家庭都会因此而抬不起头来；如果事态严重，甚至家人也会受到牵连；最为严重的情况下，甚至会导致整个家族的覆灭。

因此，责任教育在中国被放在了极为重要的地位。父母常告诫孩子要避免惹是生非。这种文化基因衍生出的社会责任体系，与西方的独立个体观念形成鲜明对比，西方人可能会认为中国人过于谨慎或胆小怕事。此外，在财产所有权方面，中国人认为财产是家庭共有的，父债子还是理所当然的；而西方人则认为每个人都是独立的，即使是与父母共餐也可能采取 AA 制，更不用说让子女承担父母的债务。直到今天，中国的年轻人结婚时，仍多由父母操办婚宴，哪怕是子女自主操办，请帖也得以父辈的名义书写。这在西方则更多是两个当事人自己的事情。这表明，中国人的责任观在世界上具有其独特性。

"同吃文化"即为一家人文化、命运共同体文化。茶在中国人民的生活中无处不在，各种茶事茶俗均与吃有着紧密的关联。故而，茶与"同吃文化"天然契合，这也是茶在"家文化"中占据重要地位的缘由之一。

随着世界逐渐由多极化迈向大融合，家的概念将会进一步扩大与深化。这是人类发展的必然趋势。未来，茶有望在世界大同的潮流中扮演更为重要的角色，承担更大的责任与使命。

伦理文化，作为中华文化的根基，自古以来就对人们的思想和日常生活产生了深远的影响。它源于对自然、神明和生命的敬畏，核心在于强调对地位和关系的尊重。茶，与这种敬畏精神紧密相连，因此，在传达伦理价值方面具有独特的优势。茶不仅在人际连接中扮演着特殊的角色，更在伦理文化的融合中，展现了伦理道德和行为规范的精妙。

譬如，在中国的除夕夜，许多地区都有向祖先敬献美食和茶点的习俗，以此纪念祖先的功德，然后才开始享用年夜饭。这种对"大小、先后"次序的讲究，生动体现了伦理文化的精神，而茶在其中扮演了"礼"的重要角色。实际上，日常生活中许多与茶相关的习俗都与伦理观念紧密相连。

试举一例：有一次，我在岳父家过年。正月初一，叔叔来岳父家拜年，我们十几人围坐在一起。我作为女婿且又是茶人，自然由我负责冲茶，我只摆了三只杯子，乃是地道的潮州工夫茶。

这时，隔壁家的老奶奶恰好过来串门，我赶忙倒掉盖瓯里的茶渣，换上新茶。

待我冲好茶后，做了个手势向茶杯处挥了一圈，说道："奶奶喝茶，大家一起喝茶。"

多数人回应了我一句"吃"，他们的目光都顺着我的手势朝茶杯看了一眼，可却一直没人行动。为何？只因老奶奶还沉浸在闲聊中，岳母陪着她聊天，她一直没有动作。

约半分钟过去，奶奶仍未行动，我三岁的小儿子见此尴尬场景，好奇地凑到茶盘前。

此时岳父起身，端起一杯茶亲切地递给老奶奶，说："婶，吃茶。"

老奶奶很自然地接过茶，随口回应："吃。"接着目光转向我，示意我一起喝茶。

我顺着老奶奶的目光点头回应了一句"吃"，顺手端起一杯茶放到岳父座位前，说："爸，您吃。"

岳父也回了句"吃"，然后自然地接过那杯茶。

我正想把最后一杯茶递给叔叔，小儿子却见茶盘上还有一杯茶，急忙抢先端起准备喝。我爱人见状提示道："给谁吃？"

儿子顿时停了下来，没有喝，思考片刻后将茶杯递给我爱人。我爱人摇了摇头说："不对。"

儿子转身寻找目标，将茶杯递给我岳母。岳母开心地笑道："给老叔吃。"她接过茶杯，转手又递给叔叔。叔叔嘴上对岳母说："嫂，你吃你吃。"但两手却自然地接过茶杯喝了下去。众人皆被小儿子的一脸茫然逗笑。

是否觉得有些复杂？这在潮汕地区是常见的喝茶场景，此礼仪所体现的是一种伦理文化与孝道文化。或许有人能察觉，第二杯茶我应先递给叔叔而非岳父。虽说叔叔是岳父的亲弟弟且比岳父小，可过门是客，当客人优先。但因叔叔坐下来的时间较长，早已喝过几杯茶了，我便将客套放一边，先给岳父端茶。这里也是为了化解岳父给老奶奶端茶后自己没茶喝的尴尬。虽然此细节不算很重要，但我确有稍许失礼，而岳父之所以直接喝下那杯茶，是因为他看到桌上还有一杯茶，而且他也只能这样做。如果他将手中的茶让给叔叔，就等于是在打我的脸了。但是，如果最后一杯茶被儿子抢先喝掉，那唯一失礼的人就是我了，毕竟小孩子不懂礼仪可被原谅，而我则显得对叔叔不够尊重。

还有一种情况，端茶的顺序很容易搞错：当我的舅舅和岳父同时来我家做客时，究竟该先给谁端上第一杯茶？

依据伦理道德，若在我与我配偶的家中，没有特殊情况下，我理应先为舅舅奉茶。常言道："天上雷公，地下舅公。"舅舅的地位举足轻重。况且背后还有这样一层关联：岳父来我家也是来到他女儿家，我们对岳父存在赡养关系和义务，故而在此种情况下，岳父乃家中之人，而舅舅则为客人。对了，换个情境就更易理解了：倘若我夫妻二人都外出了，仅留舅舅和岳父在家，此时坐在主人位置负责泡茶的理应就是我岳父了。

然而，若再换一种场景则又有不同，比如舅舅和岳父同时来我老家做客，且我父亲也在家，那么第一杯茶我就必须先敬给岳父。因为在这种情况下，舅舅变成了我父亲的内弟，而岳父则是客人。有谚语云："除了亲家无大客。"倘若我先将第一杯茶递给舅舅，那可视为我父亲在礼数上的缺失，因为在父亲面前为他人端茶，实际上是代表着替父亲服务的意思。而且传统礼仪中尚有一条："宁可委屈了自己人也不能委屈客人。"故而，在此种情况下，让舅舅稍受些委屈，乃是将舅舅视为自己人的一种表示。然而，倘若我的爱人也在场，由她来端茶，就必须先将茶递给我的舅舅。因为从血缘关系来看，她与我岳父更为亲近。

在中国的传统习俗中，始终强调客人优先，这体现了团结一切力量、以和为贵的精神。尽管这些传统规矩在现代生活中逐渐淡化，许多年轻人对这些规矩感到陌生，社会关系也不再那般拘谨。其背后的原因在于当代的利益分配秩序正在发生改变，"向力"中的"求"与"保"都出现了规则变化。然而，在重大事件面前，仍有人坚持这些传统，特别是在一些重视传统文化的地区，这些传统将会代代相传。正如《大学》所言："物有本末，事有终始。知所先后，则近道矣。"这正是我们所说的传统之道。

深入理解伦理文化，我们不难发现它与感恩精神紧密相连。虽然感恩不是伦理的组成部分，但它却是伦理文化发展的基础和润滑剂。茶，也像润滑剂一样，深深融入了伦理文化和感恩文化之中。正因为如此，我们才能更准确地理解伦理的价值和意义，进而推动人类社会的和谐发展。

尚德文化是中国传统文化的重要组成部分，在茶文化中常以慈善或公益的形式呈现。例如，《茶经》的作者陆羽的故事就是尚德文化的一个典型例证。他自幼便是孤儿，被智积禅师收养在寺庙里。由于当时他还没有名字，于是他用《易经》为自己占卜，得到了《渐》卦："鸿渐于陆，其羽可用为仪，吉。"随后，他给自己取名为陆羽，字鸿渐。正是因为智积禅师的慈悲厚德，才成就了后来的茶圣。在社会上常见的茶文化中，施茶便是尚德文化的一种表现，这种习俗从古代一直延续至今，经久不衰。

在古代，施茶通常选在行人众多的凉亭、树下或搭建的棚舍中进行。人们烧水泡茶，将茶水盛入茶壶，配上茶碗，供过路行人免费饮用。有些地方还会在茶汤中加入姜片、薄荷等药材，帮助行人解暑。

施茶在古代有诸多记载。例如，宋代刘黻曾写道："世路几销歇，一翁常施茶。"描绘了浙江、福建一带沿途的施茶习俗。

明代《琼山县志》记载："施茶亭，在县西三十里许，其地无憩息所，来往苦之。明大学士丘濬因卜葬母，曾经其地，建亭施茶水以济行人。"

清代刘献廷在《广阳杂记》中也记载了一个名为"望苏亭"的施茶所，主人母子一同为行人施茶。衡人全俊公为茶亭题写了对联："赵州茶一口吃干，台山路两脚走去。"

清代戴亨在《谷口茶棚庵》中描述了施茶文化："谷口施茶僧，击磬迎来往。松棚午阴凉，时有松风响。"

此外，日本茶道也与中国的施茶文化有关。日本茶圣荣西法师第二次来中国时，在前往宁波的途中遇到一个茶亭，便停下来休息。他品尝了主人提供的清茶后，对煎茶技巧产生了浓厚的兴趣，并向主人请教。回国后，他在著作《吃茶养生记》中详细记录了这一习俗。至今，天台"路廊施茶"的习俗仍然广泛存在，历久弥新。

说到施茶，我家的故事也让我难以忘怀。从我记事起，我家就在"墩子边"，几十户人家的稻田都集中在我家门口。当时农村流行一年种两季稻谷，第一季稻谷成熟后要迅速抢收，收割完立即蓄水整田，然后将第二季的禾苗移栽到水田里。这个过程被称为"双抢"，意味着抢收和抢栽。如果抢收不及时，未收的稻谷可能会被集中引水淹没，同时也会错过禾苗的最佳移栽期。

由于天气炎热，劳动强度大，每年都会有年轻人中暑，症状有轻有重。一旦有人中暑，他们就会来到我家休息或紧急治疗。但主人经常不在家，我父母也在忙于双抢，所以他们只能自行处理。在太阳特别强烈的时间段，也会有很多人到我家歇息，因为整个墩子只有三户人家，而我家离田墩口最近。当然，关键还是因为我父母善良质朴。

这种情况每年都会重复，所以母亲会在双抢期间煮上几大锅茶，并把所有容器装满，放在大厅供人饮用。如果遇到好年份，家里有干果，母亲也会拿出来放在桌子上供人食用。这种行为一直持续到 1995 年，我家的房屋被洪水冲倒后搬离了墩子。

自家的故事不好渲染描述，但母亲的无私奉献和豁达大度确实对我产生了深远的影响。在那个年代，人们普遍善良质朴，母亲的行为也并非特例。在我的记忆中，当时的人们都非常大方随和。如果我们去别人家玩耍，临别时，主人家总会往我们口袋里塞满干果和零食，恨不得把口袋都填满。

随着经济的快速发展以捐赠为主导的慈善事业逐渐向以实现社会公众利益为原则的运营式公益事业转变。这种转变更适应社会节奏越来越快的今天和未来。在这个过程中，茶的角色也发生了变化，衍生出了各种公益行为，如公益巡演、公益拍卖等。以公益为主题的募资活动不仅推动了公益事业的发展，还成为茶文化中具有重要影响力的一项活动，甚至对产业发展产生了深远的影响，催生出许多新的商业行为。例如，每年都会举行茶叶拍卖活动。

2020 年，在 7 月 16 日的深圳茶博会，一件 2000 年的班章橡筋白菜创下5460 万元的天价。2021 年，在阿里拍卖平台上，锦绣茶尊 10 千克茶青开采权以 1068 万元的竞价成功，创下鲜叶价格最高纪录。

茶叶拍卖最初是一种公益拍卖，后来逐渐发展为一种长期性的商业行为。这种行为虽然推动了行业的发展，但也引发了一些争议和诟病，比如一些茶叶的拍卖价格可能存在虚高和炒作等问题。天价茶一直是茶业界备受争议的话题。那些自认为"懂茶"的人，认为天价茶扰乱了行业秩序，难以接受。他们认为茶应该是亲民的，毕竟茶是生活必需品，应该让人们都能喝得起，而不是通过炒作来抬高价格，影响百姓的生活。他们反对那些"不懂"茶的人，认为他们只看重价格，以为贵的就是对的，以高价来彰显身份。茶行业的泡沫被过分夸大，以至于提及天价茶，"懂茶"的人会感到愤怒。但实际上，每个行业都存在泡沫，茶行业既不会因为天价茶的存在而崩溃，也不会因为茶人的倡导而立即成熟。产业的发展需要平衡利益和渐进的过程。我们应该认识到，即使天价茶是一种不合理的现象，产业的自我净化和发展的生命规律也会对其进行调整，文化进程的规律也是如此。

与其说天价茶是行业的产物，不如说是社会文化的产物。社会的发展导致阶层分化，进而产生了不同的需求。虽然有人批评拍卖是商业炒作，甚至有人嘲讽"就那茶……"。但购买者却认为，买得起就是他们的理由，身份地位等同于见识。持这种思维的人一般不差钱，有些甚至是富豪。也有一些人是真正爱茶的，他们对茶的痴迷近似于信仰，不舍得浪费一泡好茶。

　　其实，每个人都有自己的理解和价值标准，因此，存在即合理。价格永远不是单一的价值本身。的确，茶是用来喝的，喝茶不仅是解渴方式与生活，也可以是一种精神寄托和人生感悟。而且，茶是最健康的饮品之一，坚持喝茶有利于健康，这是不争的事实。所以，即使天价茶是一种不合理的现象，也不应该影响我们对茶的热爱。

　　《道德经》中说：失道而后德，失德而后仁，失仁而后义，失义而后礼。意思是：道是无为的，有为，便失了道而变成了德。上德是以无所得而为的。以有所得而为就失了德，只能算是仁了。仁义礼同理类推。若以此标准来看，我们前面列举的施茶行为还算是尚德文化，但后面的拍卖就只能算是尚德文化衍生出来的商业行为了，需要依靠仁义礼来约束。当然，如果拍卖能够纯粹地进行，还是能够回归尚德的。

在 1990 年的春天，我和母亲路过自家茶园时，发现茶叶生长得十分茂盛。于是，母亲决定采摘一些茶叶带回家，以备日常饮用。为了第二天的制茶工作，母亲把屋里的一堆工具整理出来，包括簸箕、焙笼和揉捻机等，并将它们清洗干净。然而，母亲发现没有足够的木炭。尽管如此，我们还是按照计划在第二天采摘了茶叶。在揉捻茶叶的过程中，揉捻机的一根木条断了，导致无法继续使用。由于茶叶数量太多，手工揉捻也无法达到理想效果，我们只能勉强进行。由于缺乏木炭，我们将灶膛中的柴火退出来熄灭，架上焙笼进行烘烤。从现代茶叶品质的角度来看，那天的工艺几乎是在浪费茶叶。当时茶叶并不值钱。在我们农村，即使是品相和工艺都很好的茶叶，也只能卖几块钱一斤，而且很难找到买家。因此，我们只是随意制作了一些仅供自家饮用的茶叶。

十年前，我在一家陌生的店里拿了份茶样回家品尝。母亲尝了一口，皱起了眉头说："这茶不行。"确实，这是一款暑茶。这些年，随着生活水平的提高，人们对于饮食品质的要求也越来越高。作为一个制茶的人，我也从来不喝劣质茶，无论是暑茶还是秋茶。即便是春茶我也有很高的要求。

二三十年间的变化彰显了中国人民生活水平的提高以及对待事物态度的转变。过去，西方人总是嘲笑中国人什么东西都敢吃，有句俗话说："不管天上飞的，地上走的，土里爬的，水里游的，都可以煮来吃。" 虽然这种说法在某种程度上是事实，但其中似乎包含着双重标准的嘲笑。我曾听说过一个西方的航海故事，一艘船遭遇了事故无法继续航行，结果在漂流期间，船上的人们不得不吃光所有老鼠。这个故事发生在西方国家，他们却是感叹主人翁意志力和生命力的坚强。

说起吃老鼠的事，让我想起了 1993 年的夏天，那时我们家非常贫困，只有父母两个人工作，要养育四个孩子，生活过得非常拮据。每年我们家都会养一些鸡和鸭，有一天清晨，我发现鸡不再打鸣，鸭子也不再嘎嘎叫了。母亲走到鸡窝一看，发现二十多只鸡鸭全部死光了。有经验的父亲一眼就看出，它们是在前一天晚上中毒而死的，他扯下几根毛发现它们的皮肉颜色都变了。原来是因为稻田里老鼠特别多，有农民在田里撒下老鼠药，而鸡鸭吃了这些药物才导致中毒。这可把母亲给愁坏了，原本还指望着这些鸡鸭能换些钱来补贴家用。

父亲异常冷静，没有抱怨。二话不说就去烧水了，然后开始清理这些中毒的鸡鸭，母亲无奈地过来帮忙。他们将鸡鸭处理好，母亲再次将水烧开，然后她去楼上取了一把陈年老茶撒进锅里，鸡肉和茶叶一起足足煮了一小时。我现在回想起来，母亲当时可能认为茶叶有解毒的功效。母亲将两只鸡切成小块，加入调料煮成一锅，剩下的鸡肉则用盐腌制，准备烟熏了供日后食用。

当时的我还不太懂事，看着那一大锅的鸡肉，口水直流，但父母不让孩子们吃，他们说中午先让大人们尝试，如果没事，晚上再给孩子们吃。父母忐忑不安地等到了晚上，身体没有任何异常，他们这才给孩子们夹了一些肉吃，但不让喝汤。其实我也懵懵懂懂地知道是怎么回事，但却理解不到事情的严重与荒唐，万幸的是人人平安，现在回想起来都打寒战。

过了十几天，父亲看着被烟熏过的肉，似乎有所思考，他找来一捆铁丝和一大堆竹片，他用竹片将铁丝固定在田边，形成了一个大圈。随后将铁丝牵到家里并固定在木架上。当夜，他把插头的一根火线搭在铁丝上。第二天一早，他拔掉插头，沿着田边的铁丝捡到了几十只老鼠。我想你应该能猜到后来的事情，直到今天我都无法相信自己曾经吃过它们。值得一提的是，你或许很难理解我和父亲当时的快乐。

这些故事都发生在 20 世纪 90 年代，其实在此之前，条件更加艰苦。据母亲回忆，她们小时候常常吃不饱饭。有些人实在忍受不了饥饿，就去挖一种细白如面粉的瓷土来充饥。人们将这种土称为"观音土"，象征着观音菩萨显灵而赐予他们的食物。然而，不幸的是，食用这种土会导致肠道堵塞，最终死亡。

二十世纪八九十年代的社会于我而言，留存的印象为：人们每日早起，要么奔赴田间劳作，要么前往工厂上班，工作时长颇久，收入却极为低微。饮食方面也很简陋，多为粗粮与蔬菜。然而，那个时代的人们并未因此而心生绝望，反倒更为珍惜每一口食物，珍视每一次学习的机会，感恩他人的帮助。尽管生活极为艰辛，但人们积极努力，因为他们目睹了通过自身的努力，生活正在逐步发生改变。大人努力工作以创造物质财富，孩子努力学习，力求改变自身命运。

伴随时代的进步以及物资的日渐丰富，人们的生活水平获得了显著提升。如今，我们能够随心所欲地购置自己心仪的物品，品尝各类美食，身着时尚的服饰。然而，在物质丰富的环境中，人们逐渐变得挑剔起来，对食物、衣物、住房的要求愈发提高，有时甚至会因一些细微之事而连连抱怨。当物质生活过于充裕时，人们的心态亦发生了变化，开始追求更高的生活品质，却容易忽略了生活中最为本真的东西。渐渐地，他们忘却了生活的真谛。

我曾探讨过：比、装、急皆在追求幸福的过程中产生，我们在追求幸福之时，真正的幸福似乎离我们愈发遥远。肤浅的满足亦为一种幸福假象，真正的幸福是战胜了'向力'而不受其需求干扰心智的自由。而在这方面，茶文化可谓一马当先。尤其是茶文化与儒释道的融合以及与信仰的结合，共同构筑成了中华文化的一大特色。随处可见的禅风茶室、意境器皿、文化宣传等皆是最佳例证。故而，生存条件改变了，我们的茶文化乃至一切文化也在发生变化。

新旧环境所导致的幸福指数对比让我联想到一个"三顾"理论，人活着存在三种状态或追求：顾身、顾心、顾魂。处于顾身层次的人，多数时间思考的是生理层面的需求，茶于他们而言，是柴米油盐酱醋茶；而顾心层次的人，更多地思考闲情逸致之事，他们向往的是琴棋书画诗歌茶；至于顾魂层次的人，他们主要的需求以精神层面为主，他们关注思考自然、规律、儒释道，他们的心中是禅茶。不同追求的人皆可在自身的需求范畴内寻觅到满足与幸福，但不同层次的幸福感是存在级别之分的。当顾身层次的人获得满足而感到幸福之后，若再生出更高层次的需求却无法得到满足时，幸福指数便会下降。而对于顾魂层次的人而言，即便他们的低层次需求时常遭遇挑战，他们的内心依旧无比丰盈。所以说幸福亦是一种能力。

茶叶的应用主要体现在其药用价值和身心保健价值上。根据当前社会的研究，茶叶富含儿茶素、咖啡因、氨基酸等成分，对人体健康具有多种益处。首先，我们来谈谈人们喝茶的主要诉求，我列举了以下十条。

1. 止渴

补充水分是健康生活中至关重要的环节，而饮茶则是我们补充水分最重要的方式之一。同时，茶叶还拥有保健功能，极大地促进了茶的饮料属性。陆羽在《茶经》中说："茶之为用，味至寒，为饮最宜精行俭德之人，若热渴、凝闷、脑疼、目涩、四肢烦、百节不舒，聊四五啜，与醍醐、甘露抗衡也。"《本草拾遗》中也提到："人饮真茶，能止渴消食、除痰少睡、利水道、明目益思。"

2. 调节心情

茶叶中的氨基酸和儿茶素对于缓解压力等不良情绪具有积极作用，有助于维持良好的心理状态，提高生活质量。在《神农食经》中也有记载："茶茗久服，令人有力悦志。"茶不仅仅是一种饮料，更是一种生活艺术和精神寄托，给人们带来和谐与宁静。茶甚至成为我们生活中不可或缺的一部分，陪伴我们度过每一个美好的时光。

3. 提神

茶叶中的咖啡因具有提神功效，适量饮茶可以提高注意力、警觉性和认知功能，对工作和学习都有很好的帮助。白居易将茶的提神效果描述为"破睡见茶功"，西晋张华在《博物志》中也有提及："饮真茶令人少眠。"可见，茶的提神功效应用也历史悠久。

4. 助消化

茶叶中的化合物能刺激胃酸分泌，促进肠道蠕动，有助于消化和吸收食物。尤其是食用较多肉类食品时，饮茶的确能让人感到更舒适。赵学敏在《本草纲目拾遗》中曾提到茶"解油腻、牛羊毒"。林洪在《山家清供》中也有记载："茶即药也，煎服则去滞而化食。"

5. 减肥

茶叶中的茶多酚和其他化合物可以促进脂肪氧化和分解，有助于控制体重和保持健康体型。清代黄宫绣在《本草求真》中曾提到："茶味甘气寒，故能入肺清痰利水，入心清热解毒。是以垢腻能涤，炙煿能解。凡一切食积不化，头目不清……消渴不止……服之皆有效。但热服为宜，冷服聚痰，多服少睡，久服瘦人……"另外，如今市面上各种各样的减肥茶也侧面证实了茶叶的减肥功效。

6. 醒酒

许多人在醉酒后会选择喝茶，尤其是夜间喝酒对肝脏健康不利，同时也会损害视力。古人认为茶叶可以醒酒，并且还具有明目的功效。《广雅》中有记载："荆、巴间采茶作饼，叶老者，饼成以米膏出之，欲煮茗饮，先炙令赤色，捣末置瓷器中，以汤浇覆之，用葱、姜、橘子芼之。其饮醒酒，令人不眠。"李士林在《本草图解》中也有提到："清头目，醒睡眠，解炙煿毒、酒毒，消暑，同姜治痢。"《神农本草》中称赞茶叶具有明目的效果："茶味苦，饮之使人益思，少卧，轻身，明目。"

7. 牙齿健康

茶叶中的氟化物和茶多酚有助于预防龋齿、蛀牙和牙周病。长期饮茶可以有效保护牙齿，预防口腔疾病。苏轼在《东坡杂记》中提到："吾有一法，常自珍之，每食已，辄以浓茶漱口……烦肉之在齿间者，得茶浸漱之，乃消缩不觉脱去，不烦挑刺也，而齿便漱濯，缘此渐坚密，蠹病自己，然率皆用中下茶，其上者自不常有，间数日一啜，亦不为害也，此大是有理，而人罕知者。"

8. 心脑血管健康

茶叶中的茶皂素等化合物有助于降低血液中的胆固醇、甘油三酯和血压，从而降低得心血管疾病的风险。对于现代人来说，这一点尤为重要，因为心脑血管疾病已经成为全球范围内的重大公共卫生问题。明代李时珍在《本草纲目》中也记载了茶叶治疗中风的功效："叶气味苦甘，微寒无毒……破热气，除瘴气，利大小肠。清头目，治中风昏愦，多睡不醒。"

9. 抗衰老

茶叶中的抗氧化物质可以清除自由基，延缓衰老等。对此，古人也有相应的记载。韩懋在《韩氏医通》中记载了缓衰抗老的八仙茶方。另外，钱希白在《南部新书》中记录了一个关于饮茶长寿的故事，他提到一位一百三十多岁的僧人唯一的嗜好就是喝茶。为此，僧人还得到了唐宣宗的嘉奖。

10. 入药

茶作为药材食用有着悠久的历史。陈藏器在《本草拾遗》中曾写道："诸药为各病之药，茶为万病之药。"汉代张仲景在《伤寒杂病论》中也提到茶治便脓血甚效。另外，《孺子方》中提到，用苦茶、葱须煮水可治疗小儿无故惊厥；《枕中方》则记载了用苦茶和蜈蚣一起炙热后敷在积年瘘上的方法。《本草别说》中也有提到可以将茶与醋一起使用来治疗泄泻。宋代的《太平圣惠方》中也记载了许多茶方，如治伤寒头痛壮热的葱豉茶方，治伤寒头疼烦热的石膏茶方，治伤寒鼻塞、头痛烦躁的薄荷茶方，治宿滞冷气及止泻痢的硫黄茶方等。从茶作为药材的应用范围和疗效来看，茶对人类健康的积极作用是不可忽视的，主要有以下几点。

（1）"茶"保健

茶叶具有广泛的药用价值，因此人们对茶疗的需求不断增长，推动了茶文化的不断发展。受药食同源理论的影响，茶从药方扩大到日常药饮，进而衍生出各种以药代茶的特殊饮"茶"文化。例如，将茶叶与其他药物合用，组合成各种茶饮，如菊花茶、桂花茶、茉莉花茶、姜茶、人参茶等。由于茶叶在人们心目中的地位很高，这些茶饮组合后都以"茶"命名。而且，即使没有茶叶成分，如果食用方式与饮茶接近，也被称为茶，如独参茶、净菊茶、油甘叶茶、金银花茶、苦刺茶、溪黄草茶等。人们在饮用这些"茶"时，几乎都寄托于其保健功能。

另外，这种命名文化也并非现代才有，早在唐代《外台秘要》中就有"代茶饮方"的记载，但方子中并没有茶叶。宋代《太平圣惠方》中有治风、补暖的槐芽茶方、皂荚芽茶方、石楠芽茶方、萝茶方等，里面也没有茶叶。这表明，这种命名方式是一种传统，并显示了茶在人们心中一直以来的影响力。在宋代，茶疗的理论体系开始形成，"药茶"一词也因《太平圣惠方》的记载而被首次载入医书。

（2）美容

关于"向力"之健美方面，除了健康，人们在美容方面也对茶寄予期望。茶叶中的儿茶素和其他化合物可以抑制黑色素的生成，淡化色斑，提亮肤色。因此，近些年也不断出现关于茶的美容产品，如茶面膜、茶树精油、茶护肤品等，形成了一种关于茶的美容文化。

（3）精神美

茶除了给人们带来体态美，还有精神美。自古以来，许多文人墨客都以品茶为乐，创作了许多描绘茶香和品茶感受的诗词作品。卢仝在《走笔谢孟谏议寄新茶》中写道："一碗喉吻润，两碗破孤闷。三碗搜枯肠，唯有文字五千卷。四碗发轻汗，平生不平事，尽向毛孔散。五碗肌骨清，六碗通仙灵。七碗吃不得也，唯觉两腋习习清风生。"

白居易在《山泉煎茶有怀》中也对茶进行赞美：

坐酌泠泠水，看煎瑟瑟尘。

无由持一碗，寄与爱茶人。

元稹以其精炼的笔触，用一首《一七令·茶》表达了对茶的深厚喜爱：

茶

香叶，嫩芽。

慕诗客，爱僧家。

碾雕白玉，罗织红纱。

铫煎黄蕊色，碗转曲尘花。

夜后邀陪明月，晨前命对朝霞。

洗尽古今人不倦，将知醉后岂堪夸。

古人借助茶进行诗词创作，表达了对自然、生命和人生的思考和感悟，赋予了茶文化独特的魅力和审美情趣。为后人提供了宝贵的经验和启示。在古代文人的笔下，茶被注入了丰富的文化内涵和审美情趣，反映了人们对美好生活的向往和追求。因此，我们有责任珍惜并传承这一传统文化，让更多的人了解和喜爱茶文化。

根据"向力"理论，健美是"向力"的追求，一切有益于健美的事物都会成为文化长远发展的基石。茶叶作为一种有益于身心健康且具有丰富文化内涵的饮品，自然成为人们追求美的过程中不可或缺的一部分。然而，值得注意的是，过量饮用茶可能会带来一些副作用，如失眠、心慌、低血糖等。特别是茶性寒，如果饮用不当或过量，可能会导致生痰、伤胃等问题。因此，适量饮用茶叶对健康有益，但需要注意品质、时间和方式。

最后，作为茶文化的学习者和传播者，我以陶渊明的《归园田居》为灵感，结合自己种茶的经历，与大家分享一首诗歌：

种茶十万八千里，慕艺寻师向古习。

沐雨栉风天做被，披星戴月地成席。

遥观叶盛枞高密，近看藤蔓树矮稀。

道不酬勤何必惑，心宽乃悟会当期。

茶馆文化是中国茶文化的重要组成部分，遍布中国众多城市的茶馆承载着丰富的历史。在这里，人们可以悠闲地品茶、聊天、听曲、阅读，享受自由带来的愉悦。近年来，各种风格独特、设计新颖的茶馆在全国如雨后春笋般涌现。有的茶馆以复古的装饰和宁静祥和的氛围为特色；有的则强调现代感与科技的融合，营造出时尚简约的空间；还有的茶馆结合艺术与文化，成为文化交流的重要场所。不论规模大小或风格异同，茶馆都满足了人们休闲和社交的需求，成为城市中一道亮丽的风景线。

尽管我是一名茶农，但也有幸体验过茶馆文化的独特魅力。记得有一次，我和一位朋友发生了小误会。虽然我知道这只是个小插曲，不会动摇我们的友谊，但朋友当时正在气头上，不愿听我解释。我担心他把自己给气坏了，心中也不免有些郁闷。

我的一位同学得知此事后，提议带我去一家茶馆喝茶。起初，我心想自己是种茶之人，怎会有心情去别处品茶？便推辞说："要喝茶，我自家就有，何必花钱去外面？"

然而，同学神秘地说："我带你去的这家茶馆很特别，那里的客人都是'哑巴'，只喝茶不说话。"这激起了我的好奇心，便答应说："那我们就去看看。"

走进这家茶馆，我发现里面灯光相对昏暗。坦白讲，我对这种环境并不太适应，因为这对于品鉴茶叶来说并不理想。我对茶馆里的茶也不太放心，本想拿出自己的茶叶来泡，但被同学劝阻了。于是我便坐下，静静地品尝着他泡的茶。

茶香渐渐弥漫开来，它轻柔地将我环绕，我也随之融入了这份宁静之中。我的同学走到茶馆的一隅，拿起一本书开始阅读，不再理睬我。半个小时过去了，没有人和我说话，我的注意力自然而然地被茶馆里的各种细节所吸引。我由心事重重，逐渐转变为沉浸其中。这个过程很自然、很奇妙。在这个独特的环境里，我感到心灵仿佛被清空，真正体验到了一种精神上的自由。尽管烦恼偶尔还会在心头掠过，但它们已无法触及我那平静而超然的心。这或许就是所谓的心宽则事小。这是我第一次真切地感受到茶馆的魅力和它所蕴含的深远意义，也是我第一次意外地领悟到茶馆所赋予我的那份自由。

自由，这个既简洁又复杂的概念，始终是人类社会追求的理想境界。历史上众多的思想家、文学家和哲学家都曾对自由进行过深入的思考与讨论。在茶文化中，自由的精神同样贯穿始终。

茶的自由表现出自然的气质。它的生长和制作过程都象征着自由。无论你怎么制作，它都是茶。正是因为它的弹性、包容和自然，造就了茶叶种类的多样性和制茶工艺的丰富性。茶为人们提供了广泛的想象自由。

茶的自由蕴含着领导的气质。为了品饮一口好茶，人们发明了各式各样的茶具，如茶壶、茶杯、茶盘、茶锅、茶炉、茶罐等，使泡茶和饮茶的方式多样化。茶，就像一位统帅，统领着千军万马，为人们提供了广阔的探索自由。

有句俗语说："茶无上品，适口为珍。"这句话表达了每种茶都有其爱好者，同时也意味着有多少种口味，就有多少种茶的诞生。因此，茶得以进入千家万户，为人们提供了充分的选择自由。

茶的自由还蕴含着智慧的气质。面对年轻人对传统饮茶方式的冷漠，茶行业一直在探索如何吸引年轻一代。近十年来，中国新开的奶茶店数量超过十万家。

奶茶的出现不仅重新点燃了年轻人对茶文化的兴趣，还带动了与茶相结合的水果、焦糖、牛奶等食材的发展。奶茶的兴起突破了传统意义上茶必须含有茶叶的限制，这是茶智慧的体现。茶的无限包容和千变万化，为人们提供了无限的发展自由。

这四种自由共同塑造了茶的宏大气象，与胡大平老师所描述的大气象之人不谋而合。那些具有大气象的人，他们的言谈举止具有震撼人心的力量，正是因为他们具备自然、领袖、智慧的气质。他们的自然源于心中有千山万水，既可以顶天立地，又可以闲庭信步。他们的领袖气质来源于德高望重，可以指挥千军万马，又能洞悉未来。他们的智慧则体现在天人合一，所以千变万化。当胡老师向我阐述这一理念时，我立刻将它与茶联系起来，发现它们之间有着天然的契合。

我们常听到关于自由的讨论："自由不是你想做什么就做什么，而是你不想做什么就可以不做。"这句话虽不完全准确，但它传达的精神是积极的。从这个角度出发，我主张："以有所得的自由都不是真自由，以无所得的自由才是自由。"

受到茶与自由的启发，我分享一首诗歌，它捕捉了差异共存与自由精神的和谐之美。

各有所爱

桑讥茶得万众食，

雅俗各赏凡多痴？

蚕讥天下虫不见，

会当云上人有知。

第九节 茶文化与「向力」之延续

在 2018 年，我听朋友说他去日本参加了一场斗茶比赛，他带着他认为最好的茶叶去参赛，但结果却输了。

我就问："为什么会输呢？"

他告诉我："那场比赛的规则是根据《大观茶论》中的斗茶标准来评分的。每位选手点一盏茶，根据泡沫的细腻程度、颜色的纯白度、泡沫的多少以及咬盏的时间长短来评分，得分高者获胜。"

我问他输的细节。他说带去的是云南普洱茶，一开始并不清楚比赛的规则和性质，只是随缘参加。他不解，为什么普洱茶的泡沫那么少？

听完他的叙述，我明白了。我向他解释了茶叶起泡沫和咬盏的原理：茶汤起泡沫主要靠茶中的茶皂素等表面活性物质，而咬盏则受茶中蛋白质和树脂的影响。如果不追求茶的美味，这两者可以同时实现，因为蛋白质和树脂在茶的嫩叶嫩芽中含量较高。茶叶生长周期的长短与蛋白质和树脂的含量直接相关。茶叶的生长周期较长通常意味着蛋白质和树脂含量更高。

纬度也会影响茶叶中的成分，产于低纬度的茶蛋白质含量高，有利于咬盏；产于高纬度的茶皂素含量高，有利于起泡，二者存在矛盾。如果结合比赛需求，可以选择北纬 24 度到 28 度，海拔较高的山头，生长周期较长的品种，采摘八九分的芽头。

制茶时，采用三阴三晾手法，减少氧化，避免高温炒青，以免茶皂素和蛋白质过度转化。茶叶干燥度未达 90% 前，不宜高温烘干，以免茶皂素消失。

茶盏要选择釉厚的柴烧建盏，并在赛前将其烤热，一定不要被水弄湿，盏壁越干，泡沫越容易挂壁。我再三强调，茶粉磨得越细越好，如果要求临时磨粉，不要急着进行冲点，尽量磨再细些。

听完我的讲解，他茅塞顿开，热情高涨。他软磨硬泡地求我给他弄点好的茶与盏，于是我特意制作了一些适合斗茶的白茶和茶盏。操作以后发现，点茶的效果非常完美，他也非常开心。

但他后来并未参加相关比赛。原来，他之前的"比赛"只是国际友人之间的娱乐比拼。他见我对茶艺技术如此着迷，就捉弄了我一把，把我整成了一个"傻子"。奇怪的是，我并不觉得被捉弄，反而感到幸福。现在回想起来，我不后悔所做的一切：出于朋友的需要去帮助他，没有期望回报，听到朋友喜欢这样的活动，我也觉得有趣，投入了大量时间，虽然最终只是制造了一个无用之物。整个过程似乎毫无意义，但正是因为这个"毫无意义"才让我感动。我要感谢这位"捉弄"我的朋友，因为生命的意义在于体验，互动本身就是意义的全部。

感动自己是一个重要的人生话题，它代表着对自我价值实现的确认。自我感动通常有以下两种形式。

第一，因"向力"的满足而感动。它涵盖我们讨论的"求、保、佑、神"得以实现的感动。例如，当我们投身于某项事业或活动，经历千辛万苦而获得丰硕成果后的感动。

第二，与"经"靠近的感动。这种感动与努力和结果无关，而是源于过程中的风景和体验。

感动也是一种结算。我们终将离开这个世界，不可避免地面临一次所谓的结算，包括死后的评价。留下的足迹和记忆将成为我们存在的证明，剩下什么就是一生的成绩。一个品德高尚、对世界有贡献的人，将成为后人学习的榜样。

这样的人，即使离世，也会因其美好品格而被世人铭记。

作为人，我们应如何定义自己的一生？我们将为这个世界留下什么？

如果把世界比作舞台，悲哀的是，我们往往只扮演了观众的角色。

观众往往没有明确的方向，每天观看自己想看的戏或别人想让你看到的戏，只能随着剧情的发展去猜测，沉浸在酸甜苦辣、喜怒哀乐之中，时刻都是现场直播。

而成为演员的人，生活有了主导，承担了更多的世俗意义。他们明白人生就像一场戏，能在入戏和出戏之间自由转换，就是演员的水平。

给自己当导演的人，运气总是比较好，无论事业大小，他知道自己在做什么，能在其中找到意义。无论成就高低，他相对不会后悔。

然而，真正能主宰自己命运的人，需要扮演的角色是编剧。编剧是改变命运的人，他们热衷于发现规律、寻找资源，安排命运的结构和大戏的组成。一部优秀的剧本，能够吸引导演和演员的加盟。即便是一部独角戏，编剧也能自导自演，享受创作的过程，因为表演自己编写的剧本，本身就是一种绽放。

这一理念源自胡大平老师的"四角色"理论。我亦在这一理论指导下寻找自己的定位，从演员做起，逐步学习人性和规律，以期早日编写出自己的人生剧本。

宋徽宗的故事为我们提供了深刻的启示，他是典型的"一手好牌打得稀烂"，最终连江山都给丢了。这反映出，即便拥有出色的剧本，若不能扮演好导演的角色，也难以掌控命运。然而，作为演员，宋徽宗的表现却颇为出色。他创造了瘦金体、工笔画，以及《大观茶论》等经典作品，这些"演技"让他在今天仍被后人所铭记。然而，遗憾的是，即便是杰出的演员，也完全无法左右剧情的最终结局。

《大观茶论》等经典著作让我深入了解了宋代点茶的技艺与文化。而《广东通志稿》则让我发现了古代潮州茶的另一类目——凤山黄茶。出于对经典的尊重和对后人的责任感，我决心复原这一传统。在这个过程中，我学会了如何将个人兴趣与传承经典相结合，并理解了在成为编剧或导演之前，可以先融入他人的剧本。

我的复兴工作也并非为了恢复其原有的社会地位，而是为了确保那些曾经辉煌的文化得以流传，让未来的人们有机会去了解、欣赏并做出选择。我坚信：文化固然重要，但进化更重要。

实际上，复兴的动力，源自我对过去生命的敬畏和对未来生命的尊重。生命的纵深，即穿越时空的广度，这种体验将成为我成为编剧的宝贵财富。

茶文化的复兴之路并不孤单，这正是因为茶文化的优秀和意义深远。国家层面也为此付出了大量努力。2022 年 11 月 29 日，我国申报的"中国传统制茶技艺及其相关习俗"成功列入联合国教科文组织人类非物质文化遗产代表作名录。至此，我国共有 43 个项目列入该名录、名册，位居世界第一。在国家级非物质文化遗产代表性项目中，与茶相关的制作技艺就占了 42 项，这还不包括与茶相关的民俗和茶具等方面。这充分证明了茶文化在中华文化中的分量与权重。

人们之所以将神农氏奉为茶的始祖，并不仅仅是因为他发现了茶，更是因为他为人类做出的牺牲。从对神农氏经历的描述中可以看出，"日遇七十二毒"看似是对茶的功效的赞叹，实则是讴歌神农氏忘我的牺牲精神。

此外，赵州禅师的"吃茶去"穿越了千年，这呐喊，呼唤的是迷失的灵魂。

这些舍己为人和灵魂救赎的精神虽然立足于茶，却超越了茶本身。正是这些伟大灵魂，构建了我们伟大的茶文化。它不仅成为中国文化的一部分，也是中华民族的精神象征。

第三章

茶艺篇·漫说单丛茶

第一节　单丛茶的渊源

　　凤凰单丛茶，源自潮州的凤凰山，此地不仅是乌龙茶的故乡，也是畲族的发祥地。相传，凤凰山种茶的历史能追溯到千年前，现今山中依旧能见到约有600年树龄的人工栽培型古茶树，它见证了单丛茶文化的悠久历史。然而，因古代潮州茶不太为人熟知，有关的记载文献相对较少，使单丛茶的历史充满神秘色彩。

　　明代的《潮中杂记》有记载："潮俗不甚贵茶，今凤山茶佳，亦云待诏山茶，可以清肺消暑，亦名黄茶。"此外，《广东通志稿》里也记录了潮州茶有黄细茶、凤凰茶、山茶的区分。针对制作工艺，《广东通志稿》提到：黄细茶，……将所采茶叶置竹匾中，在阴凉通风之处，不时搅拌至生香为度，即用炒镬微火炒之，复置竹匾中，用手做叶……所描述的工艺和现代单丛茶的制作工艺相当接近，似乎表明现代单丛茶的制作工艺源自黄细茶，其工艺在几百年前就已趋于成熟了。

　　然而，依据《大清会典》中关于潮州广济桥茶税分为"细茶""粗茶"的记载，那时潮州的"黄细茶"似乎又是单独的茶树品种，若真如此，黄细茶又不能等同于现代单丛茶的前身（鸟嘴茶），因为它们的条形大小都有区别。当然，也有可能是描述筛分等级后的成品茶。

过去，凤凰山上的茶树多采用"茶籽育苗"的有性繁殖法 ❶。但由于茶树是异花授粉植物，自然授粉过程中的遗传多样性会致使后代有差异，从而形成口味不同、形态各异的群体品种。这些茶树因叶形类似鸟嘴而得名"鸟嘴茶"。1956 年，全国茶树品种普查登记时，这些茶树被正式命名为"凤凰水仙·华茶17 号"，"水仙"一词也一直是当地茶农的传统叫法。即便有了官方命名，在凤凰山地区，老一辈茶农还会习惯称这些茶树为"鸟嘴茶"，这一称呼承载着世世代代相传的茶文化记忆与情感。

在被正式命名为"凤凰水仙·华茶17 号"之前，凤凰茶已经有了"单丛茶"的称呼。在 1955 年，凤凰茶叶收购站对单丛、浪菜、水仙进行了等级划分。虽然牌价中的"单丛茶"在意义上完全不同于仅针对硕大的水仙古树进行单株采制的特定称呼，而是指品种、品级的概念。但是，这种品种、品级指的是按照"单丛茶工艺"制作而成的茶叶成品，在茶农语境中一直将用"单丛茶工艺"制作的茶叶称为"单丛做"。

大量历史资料证实，凤凰单丛茶的单株及其名称的使用远早于 1955 年。许多凤凰山上的单丛茶母树在百年前就已被发现并利用，这进一步印证了单丛茶深厚的历史渊源。可惜的是，关于单丛茶的确切起源时间，至今仍是一个未

---

❶ 有性繁殖法：通过自然授粉与种子生长来进行繁殖的后代统一被称作"群体水仙"，而这种繁殖方式则被界定为有性实生繁殖法。其特点在于，因为母树之间交叉授粉，同一母树上的茶籽所培育出来的后代在口味和形态方面呈现出多样性。其表现为，茶树的茶果里或许含有不同数量的茶籽，从一颗至三颗不等。以含有三颗茶籽的茶果为例，它们或许能长成三棵茶苗。这些茶苗在成熟之后，不但在叶形和成熟期上可能存在差异，而且各自的品种特性也会有所不同。

茶农在传统实践中，倾向于选择只含单颗茶籽的茶果留种。这些精选的茶籽被播种于土坑中，随着茶苗长出，茶农会根据它们的生长状况适时择优移植，以此确保培育出品质较优的茶树。不过，即便通过这种方法，也避免不了品种的不统一。所以，这种传统的繁殖方式正在逐渐减少使用。现代茶农和育种专家可能更倾向于采用更可控的无性繁殖方法，如扦插或嫁接，以保持茶树品种的一致性和稳定性。尽管如此，有性实生繁殖法在某些情况下仍被使用，特别是在寻找和培育新的茶树品种时，其能带来不可预测的遗传变异，为茶树种质资源的创新和多样性提供了机会。

解之谜。

为明晰单丛茶的属性问题，我们先对"单丛茶工艺"予以简要了解。有关其细节与讲究，我会在后续的"单丛茶的制作"一节中详尽阐释。此前，我依据"单丛茶工艺"的大致流程，创作了一首《一七令·茶》，在此与诸位分享。

茶

叶落，归家。

芽青盼，夕阳洒。

缓急摩挲，冷暖融化。

夜随心清寐，晨望玉如花。

巡城遥念足下，点兵礼慕天涯。

问境举杯观皓月，水间无色照丹霞。

此诗文中所描绘的流程顺序依次为：采青、运青、晾青、晒青、浪青、搁置、歇夜、炒青、烘干、冲泡、总结。这些环节共同铸就了单丛茶的制作工艺。下面，我们依据这些工艺流程的施行来阐述单丛茶的属性。

潮州凤凰山地区的茶叶制作工艺主要有两大类。其一，完整施行了上述"单丛茶工艺"中的全部制作流程，俗称为"有浪"。在茶农的语境中，亦称作"单丛做"。其二，省去了上述"单丛茶工艺"流程中的"浪青"环节，俗称为"无浪"。值得关注的是，即便有些采用"无浪"工艺制成的茶连"晒青"和"歇夜"都未施行，但这两道工序的有无并不影响品类性质的划分。

单丛茶的属性划分不单有上述两大工艺方面的差别，还包含茶树的两大品类：水仙品类与单丛品类。

当前常规意义上的单丛茶，指的是运用单一品种的单丛茶青结合"有浪"工艺所制成的成品。虽说这一称呼并不排除使用多个品种的单丛茶青结合"有浪"工艺制作的茶，或者针对单一品种采用"无浪"工艺制作的茶，如"无浪"

的白叶。不过这两种情形都较为少见，前者是因为不同品种的茶有着统一的采摘期以及经济效益方面的考虑，通常不会进行混合制作。而对于后者，如碰到连续雨天，或许会有茶农采用"无浪"工艺，在业内还有一个叫法为"青炒"。即便如此，这两种茶也并未被业界排除在单丛茶的范畴之外。

如果对多棵水仙茶树混采的茶青施行"无浪"工艺，所制作出的成品茶称为"水仙"；如若施行"有浪"工艺，成品则被叫作"浪菜"。

值得注意的是，倘若对单棵水仙茶树单独采摘的茶叶实施"无浪"工艺，其成品同样被称作"水仙"。而对其实施"有浪"工艺的成品，虽然属于"单丛茶"类别，但茶农习惯将其称为"单株浪"或是自取一个名字，以此来凸显其源自单株古树的高贵特性。茶农为了将其与常规的单丛茶加以区分而不愿意将其简单称为"单丛茶"。

凤凰单丛茶树由于其小乔木的属性而具备成为大茶树的"种质基础"，这为历代茶农采取"单株采制"的生产方式提供了基本条件。同时，单株采制也为后期优良品种的发现与选品繁殖❶提供了有效途径。此外，凤凰水仙遗传基因的多样性致使各茶树叶片形态各异，颜色深浅、成熟期早晚不一，所以人们按照茶叶的成熟期来区分品种并进行单独采摘制作。因为茶叶颜色各异，口味、香气、品质也各不相同，人们习惯把颜色较深绿的茶叶称为"乌叶"，而将黄

---

❶ 选品繁殖：近代单丛茶品种的择优繁殖都是对单株茶树进行单独采摘，利用特殊丛味、花香来确定该树是否具有可发展的潜力，在这一过程中，丛味和花香的特殊性及显著性是评估的重中之重。一旦某棵树被认定为优良品种，就会采用无性繁殖的方法，比如嫁接法或扦插法进行繁殖。

嫁接法涉及将选定母树的枝穗嫁接到其他品种的茶树桩上，这样成活后的植株在风味特征上基本继承枝穗的特性，从而保持母树的独特风味。在嫁接成功后，茶农通常称之为"接得过"。嫁接完成后，需要去除树桩自身生长出来的茶条，只保留嫁接的枝穗，可促进其生长并完成品种改良。

扦插法的前身是压条法，它是将茶树的枝条压弯至地面并固定，待枝条与土壤接触的部分生根后，再将其移植到新的土壤中。这种方法能够确保新植株完全继承母树的风味特性。然而，后来人们发现将一片成熟的茶叶修剪处理后，插入土壤中，就可以繁殖成一棵茶苗。与压条法相比，单叶扦插法的效率更高，因此成为目前单丛茶行业主流的无性繁殖手法。这一过程说明茶叶一旦从树上分离下来就形成了一个新的生命体，从而具备了独立的、完整的生命力，独立存在性已然确立，"向力"的"存在"与"繁殖"两大需求也完全满足。其生命中枢位于枝脉之中，理解这一点，对于我们后续探讨单丛茶的制作有着非常重要的意义。

绿色或浅绿色的茶叶称为"白叶"或"赤叶"。随着"单丛茶"这一称谓的逐渐普及，用乌叶茶青制作的单丛茶被称为"乌叶单丛茶"，用白叶茶青制作的单丛茶则被称为"白叶单丛茶"。品种的细致划分为单丛茶的工艺发展开辟了新方向，即对特殊丛味、花香的不断探索与追求。

1961年，饶平县岭头村的一位茶农对一棵茶叶颜色为黄白色的特早种茶树进行单独采制，结果发现该茶内质花蜜香气浓郁、滋味醇爽，质量稳定。经有关部门鉴定，确认为优质良种。此茶树源自凤凰乌崇山大坪村引进的实生水仙茶苗，因其叶片颜色相较于其他茶树更加黄白而被称为白叶单丛。白叶单丛自1963年起，通过扦插育苗，至1965年春获得种苗40株，之后逐年繁殖、种植、推广。直到1980年，铁铺、凤凰、兴宁、丰顺等地相继完成了引种推广。由于各地地理环境的不同，茶树产生了轻微的变异，导致成茶品质也各有特色，这体现了单丛茶"适地栽培"的特性。因此，各地开始将本地生产的白叶单丛茶冠以地方名称，比如岭头白叶单丛、铁铺白叶单丛、凤凰白叶单丛、兴宁白叶单丛、大埔白叶单丛等。

自1979年起，凤凰镇开始在中高山地区发起稻田逐年改种茶树的运动，除了种植白叶单丛茶外，还从水仙品种中优选出十大香型茶树株系，如黄栀香、芝兰香、蜜兰香、桂花香、玉兰香、柚花香、杏仁香、肉桂香、夜来香和姜花香等，逐步形成了以单丛茶为主流的局面。同时，制作技术也得到了改革与提升，改以往的"重浪青"为"轻浪青"，并延长搁置时间和增加浪青次数，使茶叶呈现出更为清香甜美的品质。在炒青工序上，电动滚筒炒茶灶取代了手工炒制，揉茶工序也由手工揉捻发展为机械揉捻。1993年，有人将1970年发明的泥木茶叶烘干机改装成焙茶橱，并配合电动鼓风机，扩大了焙筛容量，这些创新极大地推动了单丛茶产业的发展。到了1994年，嫁接技术的推广应用使得老茶园得以全面改造，实现了去劣换优的目标，凤凰茶由此全面迈向了"单丛名优化"的新阶段。

茶性，乃茶叶所具备的天性与秉性，是洞悉茶之本质的关键所在。茶树作为寒性植物，对阳光的需求甚为突出，尤其是清晨的阳光被称作"紫气东来"。陆羽在《茶经》中言"阳崖阴林，紫者上"，亦着重强调了朝阳对于茶叶品质的重大影响。深入探究单丛茶，我们能够发现陆羽的诸多理论均深刻揭示了茶的本质。

茶树钟情于 pH 值处于 4.0～6.0 的酸性土壤，其中氮、磷、钾乃其生长的三大关键元素。民间有一则顺口溜："钾抗台风磷抗旱，钾肥充沛粗枝干，磷生根果氮生叶，叶蜡枝黄因少氮。"此顺口溜生动地阐释了这些元素对于茶树的作用。凤凰山的土壤种类多元，且皆符合上述条件，为单丛茶的栽种提供了理想环境。其中，主要有三大类型的土壤分布于凤凰山上的各个山头与村庄。

① 偏红色带沙的黄土壤：其特性为含铁量颇高，钙含量较少，有益于茶叶香气的形成，适宜种植高香型品种。

② 偏黑色的黄土壤：其特性为腐殖性较高，磷与钙含量较多，有助于茶叶甜度与底力的形成，适合种植霸气型品种。

③ 含沙量多的偏灰白色的土壤：其特性为铝和二氧化硅含量略高，养分相

对稀薄，水分易流失，产量较低。虽说这种土壤并不受茶农喜爱，但栽种本质较甜且不易涩的茶树品种亦能获取良好成效（如鸭屎香）。

尤为值得一提的是，在第三种土壤条件下培育出的茶叶，由于土壤养分的相对匮乏，茶叶叶片通常呈现出独特的蜡黄色。此类茶叶在加工过后，会散发一种独有的香气，人们俗称其为“蜡匮味”。由于地方方言的影响，“匮”字与“季”字在发音上相同，故而“蜡匮味”有时亦被当地人称作“蜡季味”。特别是山顶或山坡地带所产的茶叶，“蜡季味”也颇为常见，有时亦被称为“山季味”。

凤凰山历代茶农依据这一现象总结出“好茶，要困”的俗语。此语不单体现了茶农对高品质茶叶的追求，更反映出他们对自然规律的深切洞察。这种对土壤特性的利用以及其对茶叶品质的影响与陆羽《茶经》中“上者生烂石，中者生砾壤，下者生黄土”的理论相互呼应，表明了茶叶品质与其生长环境的紧密关联。

“蜡匮味”的形成，揭示了肥料成分与用量对茶叶品质的显著影响。前文的顺口溜将其中的理论阐述得颇为全面。特别是氮肥，其作为植物生长的关键养分之一，对茶叶的质量与产量有着直接的作用。

氮肥能够促进茶树叶片的生长，令植物看上去更为繁茂，叶子的旺盛态势似乎象征着植物生命力的旺盛程度，其生命力感知的存在相对更有保障，适量运用氮肥有助于延长茶树的生命。然而，氮肥过量会致使茶叶颜色偏深绿，叶片增大，纤维化程度提升，从而影响茶叶的品质与口感。即便高超的制茶技术能够借助阳光和做青工艺提升茶叶的香气，却无法弥补水溶性浸出物较少的问题。

由于氮肥能够提高茶叶产量，对于田茶和低山茶区，茶农常凭借这一特性进行施肥。但需留意的是，茶树生长过于繁茂可能会导致茶叶品质下降，这与《道德经》中“反者道之动，弱者道之用”相互呼应。

长期处于缺氮环境下生长的茶树会出现茶叶数量减少、叶片质地变薄且颜色偏黄的状况。在此种环境下，茶树的生命力持续受到挑战，茶树为了适应环境，会频繁在繁殖与生长之间转换，自我保护机制会促使其分泌一种缩合单宁。然而，缩合单宁的存在给茶叶加工带来了挑战，因其与水解单宁不同，在鲜叶阶段未能充分转化的缩合单宁，在干茶阶段将难以水解和转化，这会导致茶叶的涩味加重。此外，缩合单宁还有一个特点，即在后期的焙火过程中，它会使茶叶越焙越涩。

而缺氮环境下生长的茶叶其制作难度还体现于叶片较薄，稍不留意就容易过红。茶农将这种现象称为"紧性"，将茶叶喻作性子较为急切、小气的人，警示人们制作之时要悉心呵护。然而，若依循植物生命力的理论进行制作，如适度轻晒、轻摇、调整时长等，将碱类和单宁等苦涩物质充分转化，便能生成更多的氨基酸和多糖，味道反而更为鲜甜。技艺精湛的茶农更偏爱制作这种蜡黄色的茶叶，因为倘若加工得当，其回甜效果尤为显著。这一现象与《孟子》中关于人性的观点相映成趣，即"故天将降大任于是人也，必先苦其心志，劳其筋骨，饿其体肤，空乏其身，行拂乱其所为，所以动心忍性，曾益其所不能"。

除了阳光与土壤外，单丛茶的品质还会受到"适地栽培"的影响。在《茶经》里有句名言"茶为累也，亦犹人参"，深刻地指明了茶所具有的地域属性。就如同人参以山西上党所产为优，不同地方的环境会孕育出各具特色的茶。以下是一些单丛茶品质受地域影响的客观现象，它进一步对陆羽的理论予以阐释。

① 在凤凰山上，不同村庄的土壤优势各自孕育出了名优品种，如东郊村的鸭屎香、丹湖村的凹富后、庵角村的白叶、垭后村的八仙等。地域优势突出的品种表现为：将桥头村的锯朵仔和上角村的进行对比，即便树龄与制作工艺相同，桥头村的价格也会高于上角村的。然而乌叶这个品种却相反，要是同样树龄和做工的乌叶，上角村的价格反而比桥头村的高。这种双向对比出现反差的现象不胜枚举，它充分表明了各地土壤差异对单丛茶品种适应性的影响。

② 虽然高山茶通常被认为品质较好，但并非每座山的最高峰所产茶叶都是

最佳的。这和山顶供水的差异以及风力大小有关系。山顶的"贼风"会使茶树长期处于不稳定状态，其品质自然会受到影响。同理，种植在半山腰风口处的茶叶也因风力过大而质量不佳。风力对茶叶品质的影响还体现在，若采摘前夜遭遇狂风，那么第二天制成的茶叶香气就难以保持。

③ 种植在能藏风纳气之地的茶叶质量通常较好，就如同俗话说的："站在那里，人感觉舒服了，种出来的茶也会比较好。"藏风纳气的地方通常雾气较多，这有利于茶树苔藓、地衣、寄生物的生长，有助于茶叶韵味的形成。这种独特小环境中的微生物对茶叶的滋养作用显著，所以坑涧中的茶叶往往具有独特风味。

④ 不同区域会对部分茶叶品种的成熟期产生影响。比如，同一品种的茶叶在山面向南的地方成熟较慢，而在山面向北的地方则成熟较快。即便在同一棵树上，阳面的茶叶比阴面的成熟得更慢且颜色更黄，阴面的叶子则成熟更快且颜色更绿。如果分别采摘下来分开制作，味道也各不相同，这就是所谓的"同根不同味"。还有一些现象，像低山地区的大乌叶总是比鸭屎香先成熟，但要是在高山地区，鸭屎香反而会比大乌叶先成熟。因此，高山地区的茶农通常不喜欢种植大乌叶，因为这个品种本身底力较为充足，容易产生涩感，而其在高山地区种植生长更为缓慢，底力和涩感更难去除，这让多数茶农感到头疼。不过，要是在低山地区种植，大乌叶成熟快且一年能采摘五季甚至六季，小季产量高的特点使其成为低山的主打品种。

单丛茶属于六大茶类中的青茶（乌龙茶），它与闽北乌龙、闽南乌龙以及台湾乌龙同出一源，在制作工艺方面也存在诸多相通之处。自改革开放起，台湾茶人与福建茶人的交流合作极为紧密，他们将现代科学技术运用在茶叶的种植、管理与制作上，达到了全新的高度，众多制茶工具和机械也随之涌现。20世纪90年代，福建铁观音等茶品因工艺革新而声名远扬，推动了整个福建乌龙茶市场的昌盛。为增加产量，福建加快了茶山开发，采用茶园矮化管理与机械化采摘，收获了显著的经济效益。

然而与此同时，凤凰单丛茶的市场地位和价格却相对低落，许多茶农开始探寻新的发展路径。一些茶农开始仿照福建的做法，在低山茶区尝试矮化管理和机械采摘。可是，他们很快就发现，机械采摘的茶叶在收购时价格较低，而且往往难以售出，原因是品质显著下降。茶商对于可能喷洒生长激素而感到担忧，因为茶商清楚，如果没有用激素来调节生长的茶叶，很难用机器整齐地收割。茶商更青睐于自然生长、成熟期长的茶叶，因为其后期表现和转化更优，尤其觉得这样更为健康。所以，在市场压力之下，茶农不得不回归传统采摘方式。如今，在凤凰镇几乎看不到机械化采摘的踪迹了。

在凤凰镇的高山茶区，随处可见由石头砌成的阶梯式茶园，当地人把它叫作"茶畲"。这种称谓虽不确定是否和畲族有关，但其叫法已拥有悠久的历史。这种"茶畲"的开垦基本上都是靠人工用锄头挖掘，然后用石头堆叠而成，每一排的占地都不甚宽敞。人工开垦相较于廉价的挖土机开垦，透气性更好。茶园每年一次的松土作业也是靠人工进行，深翻的同时斩断旁须（俗称讨食根），促使茶树的主根（俗称鞭）往地深处钻。这种茶园管理方式除了能提升茶的品质外，还有一个好处，即在少雨年份，茶树也不会因缺水而死亡。不过，最大的缺点就是亩产量不高。

从实际情况来看，单丛茶树不喜欢被"折腾"，它更偏爱自然。人们只要给予它自然的环境，它就会回馈以优质的茶叶。从凤凰镇的茶园管理和作业方式不难看出，凤凰人对茶树怀着真挚的关爱，也彰显了他们对茶的尊重与敬畏。这种态度也解释了为何单丛茶年年畅销，农户的茶叶每年都能销售一空，整个行业也没有出现屯茶炒作的现象。

单丛茶的几种特性如下。

1. 好茶不贪光

按照道家的理论，清晨的阳光被叫作"紫气东来"，而午时前的阳光则被称为"纯阳"。这种纯阳之光被认为能够平衡茶叶的阴寒属性，为人体带来健康的阳气。过了午时，阳光就被称作"阴之初动"，也叫"阳中之阴"，即便如此，因其本质仍属阳气，晒得时间长对茶叶品质依然是有益的。

茶树在强烈阳光下有一种独特的现象：在正午过后，那些生长在贫瘠且较少有人管理的茶园中的茶树，以及那些树干空心却依然存活的老茶树，其叶片会耷拉下来，形似收起的雨伞。这一现象被历代茶农称为"伞午"。茶农们常说："好茶不贪，阳光虽好，适可而止。"凤凰山地区还有一句老话："会'伞午'的茶都是好茶。"

此外，"伞午"现象的名称或许也和凤凰茶区曾经的一种名丛"闪午茶"（别称"糯米软"）有关。遗憾的是，这一优良品种已经消失并成为历史了。在现代茶园的主流管理模式下，"伞午"现象已不多见了，被问到原因时，茶农们常说："茶园管理得'太好'了。"

在单丛茶行业中，还有一个名词叫"下午菜"。它指的是在天气晴朗的下午采摘并制作的茶叶。这一术语几乎已成为优质茶叶的代名词，因为可以明显辨别出下午采摘制作的单丛茶茶品质是最好的。茶农们会特意将优质品种留到下午采摘，并投入更多时间和精力进行制作，尤其是对于名丛或古树茶，采摘时间甚至会精确到午时后的 1 点至 3 点之间。常见数人同时对一棵古树茶进行快速采摘，因为错过最佳时间就会影响茶叶的品质，难以达到最高水准。

这一现象与《周礼·考工记》中提到的"天有时，地有气，材有美，工有巧，合此四者，然后可以为良"的原理相呼应。也印证了陆羽在《茶经》中提出的理论："采不时，造不精，杂以卉莽，饮之成疾。"

2. 茶树的生命力

在茶树生命力旺盛时期，它的树叶会分泌诸如苦味、涩感与臭味等一些令动物不喜的物质，以此来降低遭动物取食的风险，这一自我保护机制在植物界中相当普遍。当植物生长得过于繁茂时，它们常常会减弱繁殖的倾向，转而专注于当下的生长与存活。例如稻谷生长过于旺盛时会产生较多空壳，致使米粒不饱满；瓜藤生长过旺则可能很少开花，即便结果也容易夭折；果树若生长得极为茂盛，也可能出现少结果甚至不结果的状况。对此，有经验的农民会采取诸如在果树树干上砍几刀的措施，这种做法俗称"阉树"，当果树感受到生命威胁时，就会迅速激发繁殖的欲望，进而在适宜季节开花结果。

当植物的生命力产生繁殖欲望时，它们会释放出各种吸引传粉昆虫的花香与甜味等气息，以提升授粉概率进而达成繁殖目的，茶树亦不例外。而且，长期遭受存在危机挑战的茶树整体气息会比较熟甜。单丛茶的制作技艺也正是巧妙地利用了茶树叶的生命力中的"存在"与"繁殖"两大欲望，来调节茶叶的熟甜度与芬芳度，从而制作出高品质的茶。

单丛茶的生命力特征，常常在乌崀山春天的美景中得到展现，它也启迪我创作了一首诗，现与您分享。

茶山香

春惊槲意动

呼啸寻来蜂

觅蜜千山绿

无明一场空

3. 茶的回甘

"甜"是个很具象的词，在生活中，我们很容易理解，但在茶的世界里，"甜"这个概念变得抽象起来。当人们谈论茶很甜时，通常指的是包含甜水、回甜、回甘在内的一种综合味觉体验。具体来讲，茶的甜味可以从以下几个方面进行分析（并非绝对）。

（1）做工甜：亦称甜水，指的是一种入口时清爽且甘甜的口感。例如，在制作工艺上，茶青制得越清透、干净度越高，就越能呈现出甜水效果。其原因在于做工好的茶，叶膜完整且浸出物分子细腻，不会影响水的本质甜味，还能增添口感的丰富性，因此，做工甜在冲泡初期最为显著。随着冲泡次数增加或者投茶量增多，甜水感会相应减弱。

（2）老丛甜：属于内质甜或回甜范畴，特征是入口后尾感特别甜。尤其是在多次冲泡后，老丛茶的甜味会变得比新丛茶的更为明显，但其甜度本身并不高。这是因为高山老丛中的氨基酸和儿茶素等物质含量较高，多次冲泡使因做工差而产生的青杂味变淡，使得茶味更加纯净，杂味干扰减少带来的甜水感反而更为突出。

（3）品种甜：品种甜的表现形式多样，有些品种偏向于工艺甜的甜水感，而有些则倾向于内质甜。

（4）地方甜：同样是内质甜的表现，不同山门所产的茶各有不同的甜。例如乌岽山脉种的单丛茶，业内称之为内山水，它与老丛甜的表现非常相似，但有区别：老丛甜有茶汤凉时比热时略甜的现象，而新丛的地方甜则无此表现。

（5）发酵甜：也是做工甜的一种，它的成因是茶的苦涩感降低后呈现出来的甜水感。由于口腔干扰程度降低，它带有微微的内质甜的假象。（我们所说的发酵指的是有渥堆工艺的真发酵）

（6）陈年甜：茶叶老化后的柔甜。这种甜会伴随着甘而显得更为持久，这种持久的甘与发酵甜的明显区别在于它对口腔的黏附感较强。

回甜是吞咽后能明显感受到茶汤中甜味的丰富度和持久感。其主要来源是多糖。在茶叶的浸出物中，糖类含量约为 25%，可溶性糖类能达总干物质的 4% 左右，其余部分为不溶性糖类，是茶叶细胞壁的主要构成物质。可溶性糖类如葡萄糖、半乳糖、果糖等，是茶汤甜味的主要成分。这些糖类物质的含量越高，茶汤的甜味就越甘醇，回甜感也越强。熟茶或陈年老茶经过发酵，将刺激性物质转化为多糖，从而增强了回甜感。此外，茶多糖与唾液中的淀粉酶反应，分解成麦芽糖，也能增加回甜感。不过，回甜的感受有因人而异的现象，也会受天气和身体状况的影响。

　　回甘是一种酶促反应，也伴有先苦后甜的口感表现，有一种苦尽甘来的感觉。这主要是由于茶中的有机酸刺激唾液腺分泌酶素，与唾液结合后产生生津回甘的效果。与回甜不同，回甘不受苦涩味的影响，甚至可以掩盖和协调苦味和涩味，这也是二者之间最大的区别。回甘是茶叶中物质对人体功能的调节，有时即便停止喝茶几分钟后，再喝一口白开水也能感受到强烈的甘甜和生津现象。而这种持久性的体验直接关系到茶叶的品质优劣。

单丛茶素有"植物界的香水"之美誉。此茶的迷人之处在于，每一个品种皆具独特的丛香与花香。

　　单丛茶不管是何种品种，只要能呈现出花朵般的香气，其丛香也会随之涌现。这是由于茶叶的干净度提升，其本质风味得以彰显。故而，制作单丛茶的核心目标即为"做出花香"。制作的核心理论在于运用茶叶生命力中的"存在"与"繁殖"这两大驱动力，去调控茶叶的熟甜程度和香气。

　　明确了方向，我们就得知晓花香源自何处。单丛茶领域有句老话："火生色、日生香。"单丛茶农都知道：在晒茶过程中，茶青便能够释放出花香，甚至在阳光强烈的午后，那些茶叶偏薄且发黄的品种在采摘时就能嗅到浓郁的花香。这似乎表明，茶叶的花香在太阳照射时便开始形成了。从化学和生物学的角度来看，阳光促使植物进行光合作用，碳氢氧键重新组合，产生芳香烃❶。而从生

　　❶ 芳香烃：华南农业大学的戴素贤教授曾对 8 个类型的单丛茶展开研究，检测出其具有醇、酯、醛、酸、酮类等在内的 104 种附香物质。其中 18 种附香物质是这 8 种单丛茶所共有的，而其他附香分子则在每种茶中都不尽相同。这些独特的附香物质构建了单丛茶各不相同的香气、滋味和风格。例如，醇类有青叶醇、橙花醇、芳樟醇、苯甲醇、苯乙醇、β-香树脂醇、蒲公英萜醇、芳香醇、香草醇等；酯类有二氢海葵内酯、水杨酸甲酯、苯乙酸苯甲酯、乙酸乙酯等；醛类有橙花醛、月桂醛、十二醛、叶醛、壬醛等；酸类有丙氨酸、苯丙氨酸、谷氨酸等；酮类有茉莉酮、α-紫罗酮、茶螺烯酮等。

命力的角度出发，当茶叶在生命力旺盛时，面对"存在"的挑战，会激发"繁殖"的欲望，从而分泌出有利于繁殖的香甜气息。理解了"存在"和"繁殖"与茶叶品质的关联后，制茶工艺就更容易理解和把握了。

为了深度领会单丛茶的制作工艺，我们必须意识到好天气对茶叶制作的重要性。未经晒青过程的茶叶很难形成花香。即便在良好天气条件下采摘的茶叶，若在室内阳光棚中晒制，其香气会相对沉闷，茶条色泽黯淡，品质远不如直接接受阳光晒制的茶叶。

接下来，我们将依据最为常见的五次摇青法，俗称"五拌手"进行介绍。尽管在某些情形下，例如连续雨天导致茶叶中水分过多时，茶农可能会采用"六拌手"或"七拌手"，此时摇青和静置的次数会比"五拌手"多一两次，但其基本原理相同，主要差异在于摇青的力度和时间的调整。以下是单丛茶制作的常规工艺流程及考虑要素。

1. 观察茶叶成熟度

制作带有花香的单丛茶，需要茶叶成熟得恰到好处，即俗称的"要够菜"。太嫩的茶叶因成熟度不足，难以形成花香，最多只能做出品种特有的丛香，这主要是因为太嫩的茶叶繁殖能力较弱，还容易因转化不足而产生苦味。而采摘过老的茶叶虽易形成花香，但茶叶纤维化程度过高，会导致蛋白质和茶多酚含量降低，水溶性浸出物减少，从而使得茶汤汤色欠佳。此外，过老的茶叶因树脂含量不足，在揉捻过程中难以形成紧结的条索。

2. 考虑天气状况

好天气才能制作出好茶。理想的天气状况通常是在雨后连续晴朗的第二三天，且下午有适宜的阳光进行晒青，气温适中。然而，在采茶的季节，这样理想的天气并不常见。通常而言，所谓的好天气是指下午有充足的阳光。

如果某棵古树的新叶已完全成熟，而前几日遭遇连续降雨，恰逢今日是阴天，但天气预报预测明天将会放晴，那么茶农此时将面临一种抉择。若选择当天采摘，尽管天气条件一般，无法制作出品质顶尖的茶叶，但起码能保证茶叶具备一定市场价值。相反，若选择等到明天采摘，茶叶可能会因雨后的快速升温而迅速老化，变得廉价。但也有可能因好天气而制出极品。遗憾的是，春季山区的天气预报向来不准确。

面对此种两难局面，那些技艺高超的茶农在人手充足的情况下，可能会决定冒险等到第二天采摘，他们宁愿承担此风险，以期望获得更好的天气条件，制作出更为完美的茶叶。

3. 采青

茶叶采摘的最佳时间段是在确保茶青能在太阳落山前得到充分晾晒的前提下越晚越好。像昂贵的古树茶，通常会安排在下午 1 点至 3 点半之间进行采摘，如此便能保证有充足时间晒青。要是当天阳光充裕，下午 4 点采摘的茶叶也许会比 3 点半采摘的品质更优。

采茶的手法是要用手指将茶叶折断，不可用指甲掐断，整个采摘过程中都要讲究"不伤菜"。采摘下来的茶叶要及时放入竹篓中，避免长时间拿在手中损伤茶叶。采摘一段时间后，要把竹篓传递到树下，将茶青倒入铺有布袋的竹筐中并置于阴凉处，这样利于在运输茶青时保持凉爽、透气且防止叶面磨损。采摘古树茶时，要在每个枝条上留一片当年新叶，此做法称作"留青"，以维持枝条的吸水能力，不然该枝条会枯死。若不慎采下"马蹄"（即叶柄与枝条相连部分），需将其去除。要是部分茶叶连着马蹄，该茶叶的生命中枢会靠近马蹄，在摇青走水时，养分会更多地输送到枝骨，且该茶叶生命力的存在能力可能比其他常规采摘的茶叶更强，难以与其他茶叶同步调节繁殖欲望。所以有马蹄的茶叶更易产生苦涩感，这与采摘时"伤菜"会导致茶叶提前感受到"存在"挑战并提前调动繁殖欲望的性质相反，不过理论是相通的。

4. 晾青

采摘回来的茶青应立刻进入空调房❶中，迅速在竹筛上轻轻铺平，保持蓬松，使茶青温度快速降低。等后面的茶青到齐后再一同拿去晒青，这样可确保晒青程度更均匀。晾青阶段，空调房温度可设为16℃。如遇天气持续干旱、茶叶水分不足，可在地面洒些水或使用雾化加湿器增加湿度。在晒青前，可先清理掉空调房内的茶籽和枯枝。倘若待晒的茶青数量较多或采青回来时间较晚，感觉晒青时长可能不够，那么茶青一运回来就应立即进行晒青。

5. 晒青

晒青，过去也叫"曝青"，这是形成单丛茶花香的核心环节。花香源于光合作用生成的附香物质，所以晒青时应尽量让叶片正面充分接触阳光。茶青铺筛要薄且散。多数茶农会根据叶脉的柔软度、光泽度和贴筛程度来判断晒青是否到位，而经验丰富的师傅则通过嗅觉判定，闻到香、甜、清的感觉就是晒到位了。晒青不足或过度都会影响茶叶的最终品质。相比于使用竹筛进行晒青，用网布铺地晒青的茶叶品质通常稍逊一筹，主要是因为竹筛上的茶青更能承受阳光，从而允许更长时间的晒青，使得光合作用更充分。

6. 回青

晒青后的茶青因吸收热量而变得柔软，易发生堆叠和发热，这可能导致茶叶坏死。所以，回青的关键在于迅速让茶叶恢复生机。茶青晒后应移至阴凉处，以蓬松状态铺放在筛上，使茶叶温度快速降低，然后进入空调房。注意，此时铺筛要保持一定厚度，以利用茶叶自身分泌的乙烯，增强其生命力的韧性。若

---

❶ 空调房：在传统制茶过程中，并未使用空调房。故而，凤凰山地区流传一种观点：高山采摘的茶青若在低山厂房制作，其品质会变差；而低山采摘的茶青在高山厂房制作，品质则会更好。这或许是因为高山地区气候更为凉爽宜人。茶农意识到这点后，现在基本家家户户的制茶间都装有空调。即便有了空调房，至今人们仍认为在土木结构的瓦房中制作的茶叶比在混凝土结构的楼房中制作的茶叶品质佳。这表明，宜人的环境对茶叶生长和加工制作都极为重要。

铺筛过薄，乙烯会散失，茶叶可能会失去活力。尤其当茶青晒得过于柔软，应适当增加铺放厚度。通常四五斤茶青可铺满一筛。

虽然茶农应对这种现象的措施普遍正确，但理论的缺失不利于其应对非常规的变化。比如针对那些太软而难以恢复生机的茶青，茶农普遍认为是因为"温度不够"，需增加铺放的厚度。虽然应对方法正确，但原因并非温度不够。实际上，更凉爽的环境更利于回青。比如，对于叶片较厚的茶，为利用其耐晒特性，会延长晒青时间，以期获得更浓的香气。若不巧晒青过度，应迅速将茶叶铺在阴凉地板上，这样回青会更快一些。所以，回青时茶叶的铺放厚度与温度无关，而是取决于乙烯浓度。

7. 浪青（第一手）

当回青后的茶叶完全凉透时，我们会发现晒青时能闻到的花香已然消失，取而代之的是青味占据主导。而我们的制作目标便是让干扰花香的青味等气息减弱乃至消失，同时不能产生其他异味杂味。核心理论是让茶叶重焕生机，凭借茶叶自身的生命力来主导其自身成熟进程。基于此理论，我们所采取的方式为：浪青（第一手），即轻柔地触碰并翻转茶叶，让其蓬松地铺在筛子上，以促进空气流通与茶叶对乙烯的释放。茶叶生命力因受触碰而被激发❶，其生存欲望被轻度调动。观察显示，经触碰翻转后的茶叶明显会比翻转前更为硬挺，青味也更加显著了。

浪青不能过重的原因在于不可过度激发茶叶生命力的"存在"需求，致使生命力的旺盛度消耗过快，后期无力完成自身的成熟转化。此外，触碰过重也会导致青味过浓且长久难以消散。最佳的力度是轻轻地翻转三两回，要使其在静置一小段时间后能重新产生"繁殖"的欲望，进而推动自身成熟。

---

❶　生命力的激发：可类比于壁虎断尾现象。尾巴断掉后跳动一段时间便会静止，若没有外界刺激，断尾将一直静止直至死亡。若轻微触碰它一下，它立马又会跳动起来，迅速启动"吸引敌人的任务"以达成实现主体生命力存在的目的。这种生命受挑战时的应激反应在多种动植物中均有体现。

8. 搁置（此时的空调温度可保持在 19℃）

生命的本质在于平衡、节奏、循环。搁置环节正是利用这些特性，引导茶叶的生命力按照制茶所需方向进行互动。经过初步触碰的茶叶，其"存在"的欲望得到些许激发，但远心端的水分和营养供给不足，使其意识到"存在"难以维系，"繁殖"的欲望又迅速成为主导，茶叶的青味逐渐减弱，同时又产生丝丝的鲜甜与芬芳。当观察到茶叶开始变得松软时，可进行第二次浪青，这种搁置时间极为重要，不应等到生命力减弱至无力回天，应在生命力相对旺盛时进行第二手浪青。故而，不应搁置过长时间，许多茶农习惯搁置一个半小时，我个人的习惯则比这短得多，当然，最佳时长应根据第一手浪青的轻重以及铺青厚度的不同而确定。

9. 碰青（第二手）

"碰青"这一术语源自传统茶农的叫法，实际上碰青与浪青指的是同一过程，但第二手的操作力度需比第一手稍大些。这是因为茶叶的生命力已有所消耗，需要更大力度来激发其求生斗志。茶叶经过几下抖动和翻转后，其硬挺度会明显超过浪青后的状态。技术好的茶农会通过聆听茶叶摩擦时发出的"窸窣"声，来判断茶叶的"活菜"程度。此时茶叶的气味也由丝丝芬芳转为较浓的青草味，这表明，茶叶基于"存在"的需要又启动了保护机制，苦涩味也随之增强。随后，将茶叶再次蓬松铺开，此次的铺筛要比上次稍厚一点，因为茶叶的生命力已有所减弱，需要利用植物自然分泌的乙烯来增强其生命力使其尽快"活"过来。

10. 搁置（空调温度依然维持在 19℃）

再次来到搁置环节，其原理与第一次搁置相同。目前，行业内对两次搁置的最佳时长认识不一，多数茶农习惯固定在 90 分钟，也有 70 分钟、80 分钟不等，甚至搁置 120 分钟的都有。然而，搁置时间过长对茶叶生命力的消耗是显而易见的。为了更好地保持茶叶的生命力，我的习惯是宁可多一手，也不会超过 1 小时。当然，标准还是取决于前面浪青的轻重和铺青的厚度。

11. 摇青（第三手）

"摇青"这一名词与"浪青"实际上是相同的意思。倘若完全依据传统手艺来制作，前面的两手并不需要进行摇筛，仅需用手将茶叶翻转即可，茶农便给其取名为"浪手"。而到了第三手的时候，则必须抓起整个筛子进行摇转，所以此环节就称为"摇青"。倘若整个制作过程均采用机械制作的话，那么前面的两手"浪青"也是通过机器摇转的，因而，茶农普遍也统一将其称为"摇青"。

摇的意义在于：其一，是为了用更大的力度去触碰茶叶，以激发其生命力，促使其快速"活菜"；其二，能让每一片叶子都均匀跳动，避免局部叶片因未受触碰而发蔫。伴随着大力的触碰刺激，茶叶生命力的"存在"欲望会增强，促使茶叶枝脉骨干生长，却又缺乏外来水分的补给。因此，茶叶的远心端会将营养和水分输送至生命中枢（枝骨），茶叶会因"存在"需求而舍弃远心端，造成局部坏死的叶缘红边现象（这种红边现象被某些"专业"机构称为发酵❶）。这一手摇青环节的核心要点是在叶缘少坏死或不坏死的前提下，尽可能让所有叶片的生命力充分得到激发，枝骨隆起来，色泽鲜亮起来，为后期单宁和碱类等苦涩物质的充分转化提供动力。

值得注意的是，此时若发现部分叶片不够"活菜"，而另一部分叶片却出

---

❶ 发酵：指的是微生物分解有机物的过程，即微生物在有机物上的代谢和次代谢。然而，单丛茶的红边现象是在摇青过程中迅速形成的，其原理是茶叶在强烈触碰下进行自救，快速将水分从叶缘及破损边缘输送至枝干中。当边缘失水后，茶叶就会干燥坏死并发生局部酶促反应和氧化。这一过程并不涉及微生物。所以将单丛茶或乌龙茶称为半发酵茶实际上是一种误解。它只是植物成熟过程的一种形式，伴有氧化现象。另外，发酵的状态是不可逆的，而乌龙茶的青熟气息是可逆的。若操作不当，哪怕红边再多，依然会出现浓烈的青味。相反，若做工极致，哪怕一点红边都没有，依然能达到十分熟甜的气息。它们的气息状态是可以来回倒换的，因此，乌龙茶的"青红度"并不代表茶叶的发酵程度。其实茶农倒是一直沿用直观的叫法就是"青些、红些"，因此，学术上回归"青红度"的叫法未尝不是一种纠错的办法。

现了红边，就需要做出抉择——是将"活菜"的机会留到下一手摇青环节，还是不顾已经红边的茶叶会变得更红而继续多摇几下。过早或过多的红边会导致茶农在后续摇青时不敢用大力，因为过度的红边会产生酸腐味，遮盖花香。力度不足又可能导致"活菜"不充分，后面的青涩味无法完全转化。当出现这种不均匀的情况时，茶叶很难制成极品了。要是前面的工序操作得当，通常是不会出现这种状况的。

由此可见，这一道摇青环节极其考验制茶师的技术水平。例如拿同一批次晒晾的茶青，特别是晒得相对过头的茶青，在这第三手时，技术高超的人一上手没摇几下茶青就"活"了，叶片坚硬挺括且富有弹性。这便是我们常说的"杀气"。而技术水平欠佳的人在这一手很难将茶青摇"活"，摇青的力道和时间并不比别人少，但茶青就是软塌塌的。这种奇异现象远不是一个"熟能生巧"所能形容的。

摇青完成后，茶叶的铺筛应比前一次稍厚一些，以利用其分泌的乙烯促进成熟。从原理上讲，茶叶应尽量堆高以形成中空鸟巢结构，同时保持透气，确保乙烯和温度能够均匀。

12. 搁置

这次的搁置是节奏把控的关键，首先在温度控制方面，可以在前面 19℃ 的基础上提升 2℃，温度比之前略高一点有助于茶叶朝成熟方向发展。若气候清凉宜人，室内常温不高于 22℃ 的话，还可以选择关掉空调，进行自然通风透气搁置。

历经前面的摇青后，茶叶局部坏死和缺水信号会促使树脂迅速转化为保护膜，使其气孔封闭从而保水自救。这会使光滑鲜亮的叶面上逐渐生出晶莹闪点。叶肉的水分流向枝骨致其卷曲和隆起，强大的"存在"欲望消退后又会转为强烈的"繁殖"欲望，单宁和碱类等物质能较为充分地转化为多糖和氨基酸等，此次摇青后的转化基本意味着茶叶由苦涩开始向甜香转变。故而我们需等到茶叶闻不到青味后才可进入第四手摇青环节，也就是茶农所说的"清了"。若茶叶制作得当，"清了"时能闻到淡淡花香，不过这种花香并不十分明显。实际上，此时花香若过于明显反而不是好现象，被称作过早"吐香"❶，之后容易出现腐感而掩盖最终的花香。此时最为理想的状态是茶叶闻起来清甜怡人。

此外，在整个搁置过程中，切勿中途去触碰茶叶，因为一旦触碰，被触碰的茶叶会激发生命力的"存在"欲望，这会促使植物生命保护机制快速产生缩合单宁和臭青味。这种局部产生的臭青味没有单独得到修复的机会。因为被触碰过的茶叶与同筛中正常的茶叶要同时进入下一道流程一起摇青，所以这种触碰行为最终会影响整体花香的呈现，同时也是涩感产生的原因。

13. 摇青（第四手）

在进行第四手摇青前，可先进行一次并筛，按照每筛大约两斤干茶的量进行合并。此次摇青的技术核心在于激发茶叶生命力，利用其强烈的"存在"动力使叶肉失水，再利用红边促使树脂更大程度地成膜。因为成膜厚度是后期汤水更加清澈白亮和耐泡的关键，也有助于减少炒青和揉捻时破皮的可能性。所以，这手摇青的技巧要摇到全部茶青都完全坚挺鲜活，尽量使每片叶子的叶缘微微红边，但不宜过红。这样既能保留清香方向的可能性，又为第五手（杀青）留出空间。随着强大的"存在"欲望消退而转化为强烈的"繁殖"动力，苦涩味将最大程度地转化为香甜，茶叶的成熟气息更为浓烈。故而在铺筛时要尽可能归拢堆高且中空透气，以保持催熟气体的充盈与均匀。

14. 搁置

此次搁置原理与上次搁置类似，唯一不同在于需更加注重青涩感转化的

---

❶ 吐香：茶农通常称此现象为"吐香太早"，其原因往往是前面摇青力度过大，致使局部茶叶成熟过快，造成单宁和碱类等物质没有充分转化的空间。随着后续催熟操作，坏死加剧，反而会生出遮盖花香的酸腐味，导致最终成品无法闻到花香。这就表明了为何越靠前的摇青环节越不敢用力过猛。

充分程度。必须完全清甜后才可进入最后一次浪青。关于搁置时长，许多茶农还是采取间隔一个半小时，我的习惯是不少于两小时，若"清"度达不到我满意的效果，还会延长至两个半小时。搁置过程中同样不能触碰茶叶。温度控制方面，若室内温度超过 22℃，则应继续让空调维持在 21℃；若之前已关闭空调，表明当天气温适宜，无需再开启空调。

15. 杀青（第五手）

杀青环节仍属于浪青范畴，大部分茶农习惯称之为"杀菜"。在潮汕语境中，"杀"是结束的意思，俗语叫"收杀"，是对某件事即将完成进入收尾工作的称呼。而"菜"则是对茶青的俗称。在杀青这一环节中，技术要点是将茶叶的生命活力激发到最为旺盛的状态，传统说法是要将茶叶"杀透"。若前面第四手摇青使用的是机器，那么此次杀青的机器转速要比第四手快一倍，时间也要长三四倍。当然，也不能"杀"过度，想要"偏青做"或"偏红做"就要在此环节进行选择，青红程度并无统一标准。

在凤凰山地区有许多坚持传统制茶的人，始终采用手工杀青，这绝对是个体力活。我的习惯是使用机器杀青，机器不仅提供了更强更均匀的力道，而且对于我这种"半路出家"的茶农来说，也更容易把握。

尽管有些茶农可能因茶叶量大而聘请外部茶师协助，但对于杀青和次日的炒青这两个关键环节，他们依然坚持亲自操作，不敢假手于人。这充分说明了杀青和炒青这两个环节对于确保单丛茶的最终品质的重要性。

16. 置夜

置夜环节也被称作"歇夜"或者"隔夜"，指的是把杀青后的茶叶放置于竹壶中进行静置，每壶能够装入三至六斤干茶的茶青量，具体数量依据需求以及室内温度来确定。倘若气温过低，就需要在茶青上覆盖一层布，俗称"太冷要盖被子"。实验表明，覆盖一层布并不会改变茶叶的温度，然而却能改变茶叶自身分泌出的催熟气体 ❶ 的浓度。要是室内气温高于 22℃，那么空调不能关闭，可在搁置三四小时后再将空调关掉。

置夜的时长以及堆青的厚薄等因素都影响最终成品的花香和丛香走向。做工卓越的茶通常都会朝着花香的方向发展，所以一般不会堆得太厚，隔夜的时间也不会太长。有些人甚至会在置夜期间打个地铺，凌晨闻到花香就起来炒青了。

17. 炒青

在凤凰镇，茶农普遍把制茶过程中的"炒青"环节叫作"炒"或者"炒茶"，此环节是制茶技术的核心所在。当地茶农广泛运用煤气供热的电转滚筒炉来进行炒青，而具体的炒制技术则因个人而异，取决于个人的经验。

在炒青之前，茶农们凭借嗅觉来判定最佳的炒青时机，将茶青的清、甜和香气当作评判标准。在闻嗅时，他们尽量让茶青保持静置状态，以避免其被触碰过的局部出现返青现象，返青会影响茶叶的整体品质。此外，部分茶农也会将时间当作参考，通常在杀青后的七八小时开始炒青，但这一时间会依据气候和茶的品种而有所变化。例如，雪春茶一般在杀青十小时之后才开始炒青。在行业内，并没有一个统一的标准时长，茶农们会按照自己的感觉和经验进行调节。

在炒青过程中，技术熟练的茶农同样依靠嗅觉来判断茶叶的生熟程度，因此，对熟甜气息的把握极为关键。炒青时最需要避免的是茶叶炒不熟或者烧焦。在传统经验中，把茶叶炒到茶梗不易折断、揉捻时不破皮等当作判断熟度的标准，但这只是一个粗略的参照。炒青环节最能体现出制茶师技术水平的差异，包括对高温、低温、是否调温、是否开启排气、是否加水、转速快慢等的选择，

---

❶ 催熟气体：乃是茶叶在成熟时分泌出的植物激素，主要成分是乙烯，这是植物成熟的气息。就好比把一只熟透到微微腐烂的苹果放入一袋好的苹果当中，烂苹果释放出的乙烯会促使其他苹果快速地成熟乃至腐烂。

都会对茶叶的品质产生影响。此外，炉壁的厚度、炉内结构的组成、炉口的封闭方式以及封闭的时机等，这些因素也都会对炒制效果产生不同程度的影响。这里不再详细叙述其他影响因素。

就我个人的习惯来说，我倾向于采用高温进炉的炒青手法。当把茶青投入炉中时，应该能听到清脆的爆裂声。接着，我会根据茶叶的韵味和香气的溢出程度适当降低温度和转速，进行慢炒。这种高温且长时间的熟炒方式，可以提升炒制出的茶叶在冲泡时的口感以及汤色白亮等方面的品质。由于每次投入的茶青量和失水程度各不相同，炒青的具体时长也是通过闻味道来判断的。

18. 揉捻

单丛茶的揉捻一般会在炒制结束后即刻展开。倘若无法即刻进行揉捻，那就必须及时把茶叶打散并摊开冷却，要不然就会因闷到而对花香产生影响。

当下，大部分茶农运用电动 40 型揉捻机，一次能揉捻 5 ~ 8 斤干茶的量。揉捻的时长通常为 7 ~ 10 分钟，以茶条紧结为标准。在揉捻过程中，需要对压力和水分进行调节，以防止茶叶破皮。在凤凰镇，很少见到有人使用 50 型、60 型、80 型、100 型等大型号的揉捻机，这反映出当地茶农对待茶的态度，他们宁可选择慢工出细活的工艺，也不会为了提升产能而牺牲茶叶的品质。

古时候，揉捻这一环节被叫作"做叶"或"做青"。《广东通志稿》里提及："不时搅拌，至生香为度，即用炒镬微火炒之……复置竹扁中，用手做叶……"伴随揉捻机的广泛应用，"做叶"这一称呼已渐渐消失。

网络上流传的用脚揉茶的视频，的确引发了一些茶客的不适之感，这实际上是一种营销表演，有意思的是，一些非本地人争辩说脚比手更干净，因为脚整天都被包裹着，并且茶叶在揉制后会经过高温烘焙，所以在卫生方面没有问题。然而，这种解释实际上是多余的，因为用脚揉茶并未广泛流行，并且在这二三十年里已经消失了。

实际上，体验过手揉茶和脚揉茶工艺的人就能清楚，两者在效率上存在着明显的差别。在揉捻机还没出现的年代，面对生产规模的大幅扩张，手揉茶的方式不但耗时而且劳动强度大。相较而言，脚揉茶的操作则更为轻松。那些投机取巧的人想出了这样的办法，而聪明的人则发明了揉捻机。

19. 解块

在凤凰镇，茶农普遍使用解块铺筛一体机，这种设备可以一次性完成解块和铺筛的双重任务。在铺筛的过程中，要保证每筛的茶叶厚度均匀，这对后续烘干过程中的整炉统一性有帮助。倘若由于某些原因不能马上进行解块，就应及时将茶叶打散并铺开，以促进散热，避免茶叶因长时间堆积而产生不良气味，进而影响其香气和整体品质。

20. 烘干

单丛茶的烘干过程应当分阶段进行，一次性烘干容易出现茶叶外焦内生的情况。我个人习惯于分三次烘干，但下面所介绍的是大厂较常见的分两次烘干流程。

首次进炉时，由于茶叶含水量较高，可以选择比较高的温度，但在烘干过程中要适时降低温度，以防茶叶表皮被烤焦。烘干到茶叶表皮稍显黑色且不粘筛时，就可以出炉摊凉，并进行打散。随着茶叶内部水分向外渗透和蒸发，茶条表皮会吸水返绿并发生一定程度的收缩，这有利于成品的紧密。摊凉后，应进行单批量混合打堆，以消除不同批次、锅次、筛次之间可能存在的质量差异。

复焙时，选择中温进炉，待表皮干燥后立即降低温度，采用低温慢烤直至茶枝易于折断。倘若使用的是柴火灶，可以在退火后利用炉内的余温继续烘干，这种闷烤有助于延缓茶叶后期的返青。

21. 评测

确切地说，干茶出炉后的试水评测严格意义上不能被视为制作环节，因为不管试水效果是好是坏，都已无法改变现状了，然而这却是茶农制茶时的一种常见行为。一方面是为了了解自己制茶的结果，可以依此定价；另一方面是为了归纳经验，从而对接下来的制作技巧稍作调整。倘若非要探究制作过程中的评测程序，实际上在炒青之前是有人对鲜叶进行泡水评测的，该评测除了对浪青进行水准评判，还可以对炒青的时机加以指导。不过大部分茶农是不执行这道流程的。

按照上述 21 道流程制成的干茶称为毛茶，它是单丛茶的半成品。商家通常依据毛茶的形态进行收购，之后进行挑选和焙火精加工。在凤凰山，大多数茶农不直接销售成品茶，因为他们较少涉及焙火精加工技术，但有开设店铺的茶农除外。

在广东潮州凤凰镇流传着一句老话："茶是不会骗人的。"反过来理解便是："茶是骗不了人的。"在单丛茶行业内，如果一个人能够掌握品茶的技巧与知识，那就可以精确地辨别出茶叶的种类、树龄、产地、采摘季节等细节。批发商们通过对茶叶外观的观察、香气的嗅闻、味道的品尝等步骤，便能够准确地判断出茶叶是生长在山上还是平地，是否过度使用化肥，是否喷洒了农药或激素，是在晴天还是雨天采摘，是早上还是下午采摘，以及在制作过程中摇青的次数与节奏、炒茶的熟度、揉捻的适度、烘干的方式等。评茶的任务便是通过评估这些信息来确定茶叶合理的价格。只要掌握了这些技能，就能避免在价格方面受到欺骗。

每年的三四月份，凤凰的乌岽山总是人潮涌动，热闹非凡。茶商们忙碌地在茶农之间穿梭，争先恐后地去寻觅那些顶级的茶叶。在这一过程中，常常会出现一种微妙的现象：茶叶还没有完全制作完成，茶农却已自豪地宣称"有人要了"。这背后的奥秘在于，经验丰富的茶商仅凭焙炉中飘散出来的香气，就能够准确地判断出茶叶的品质。一旦他们确定茶叶品质优良，便会毫不犹豫地提前预订，然后迅速转向下一家。这意味着即便要承担茶叶烘干过程中未知的风险，他们也不愿错过优质的茶叶。

这种存在品控风险的提前预订策略之所以普遍，是因为其能实现品质与价格之间的最佳平衡。由于茶农对最终成品的质量也不确定，所以在半成品阶段，商定的价格会稍低于特优品。然而，随着茶叶制作工序的推进，毛茶逐渐成形，其品质的辨识度也变得更高，品质优秀的茶叶会迎来激烈的价格竞争。

这种提前预订的现象越是普遍，那些缺乏深厚技术功底的茶商就越难以购买到更多的好茶叶。即便是技术熟练的茶商，如果行动不够迅速，也难以有大的收获。

此外，还有一种现象值得一提：一些技术稍差的茶农，尽管每天都在采制茶叶，却难以吸引到茶商们的注意。当经验丰富的茶商经过他们的作坊时，只需轻轻一嗅，便能立刻识别出茶叶品质一般，随即转身离去。这是因为技艺高超的茶商深知，普通的茶叶货源是充足的，不必急于购买。而且，一旦茶叶成为毛茶，那些稍有瑕疵的茶叶的价格会持续走低。因此，经常能看到即便有些茶叶已经烘干完毕了，却一直被放在焙炉里迟迟没有出炉装袋，茶农心存侥幸，希望那些技术不够精湛的茶商会被表面现象所迷惑，从而以合适的价格将这些茶叶买走。否则，茶叶一旦装袋，便会被视为不被商家认可而剩下的茶叶。

茶商判断茶叶品质的主要依据是其香气。单丛茶如果能散发出芬芳的花香，通常意味着其制作过程中的天气和工艺都非常好。此外，茶商还会考虑茶叶的外观特征、品种、种植地理位置和树龄等，并给出一个合理或稍低的价格。茶农尊重茶商的专业判断，通常会接受其定价。对待技艺精湛的茶农，茶商也会给予合理甚至略高一点的价格。这也是对茶农追求优秀品质的鼓励与尊重。

当茶叶制作基本没有错误但存在小瑕疵时，茶商会指出问题所在，并据此与茶农协商降低价格。比如，如果茶叶带有些许青味，这可能是摇青程序操作不当或者炒青不够充分等原因造成的。在这样的交流中，茶农收获了制茶技术的进步，同时也乐于在茶叶价格上做出让步。所以，茶农更愿意将优质茶叶以较低价格卖给懂茶的人，而对于那些不懂茶的人，即便出价稍高，茶农的销售热情也不高。

而对于某种瑕疵茶叶的后期处理，恰恰又是茶商买茶技术的另一种价值体现。例如，上述提到的些许青味，它与晒青不足、摇青不当或"雨菜"等因素导致的臭青味是有所不同的。鲜青味可以通过适当的焙火进行修复，而臭青的茶叶即使通过焙火去除了青味，其品饮的高档感也会大打折扣。还有，茶汤出现浑浊现象，如果是炒青太干产生的碎边或揉捻破皮导致的，在多次焙火后可以得到改善；如果是天气不好或是摇青失误导致的，后期再怎么焙火，都无法改变其低端的状况。

茶商通过技术识别、构思后期处理，能够低价买入后期容易修复瑕疵的茶叶。由于技术擅长点和出品方向不同，各茶商的买茶取向也有所差异。比如，同山门、同品种、同样价格的两条茶叶：一条做工一流的十年丛龄茶叶和一条做工稍逊的三十年丛龄茶叶，在用茶方向上就有了不同的价值表现。经过一道焙火后，新丛的那条茶叶惊艳度更高，卖点突出；但经过三道焙火后，老丛的那条茶叶在口感和价值上都将更胜一筹。因此，茶商收茶时必须结合焙火技术和用茶需求进行综合考虑。

上述这种关联性很好地解释了买茶现象中的不同偏好：有人偏爱做工偏红的茶叶，有人更喜欢做工偏青的；有人重视茶叶的条形，有人更注重滋味；还有人喜欢茶叶黏牙的感觉，而有些人则不能接受一丁点的涩感。这种茶叶品质的多样性和人们对茶叶的个性化需求，使得茶叶的品质标准似乎更加模糊，为茶叶的拣评增加了难度。

从以上内容可以看出，在高手之间，买茶技术水平很难一较高下。然而，买茶的品鉴事项和方向基本上是一致的，通常包括以下步骤。

一、评外观

① 观察品种特征，同时注意上下层的整体一致性。

② 在户外观察茶叶的蜡色程度和光泽度。

③ 检查采摘的老嫩程度，茶条的紧实度、圆润度，以及大小的均匀度，评估挑选。

④ 观察红边的程度和均匀度，评估走水是否通透，检查是否有烂边碎茶或破皮烂梗。

⑤ 评估丛龄和山场特征。

⑥ 用手抓取茶叶，感受其质地是否刺手；手掂茶叶，评估其重量感；折骨测量茶叶的干燥程度。

二、闻味道

① 先闻茶叶，清甜纯正乃是重要的评判指标。

② 感受花香、丛味、阳光气息、甜度和熟度，分辨是否有青味、焦味、闷味、水味、腥味、垢味、杂味、湿味、酸味和腐味。这些不良气味是判断制作过程是否出错的关键。

③ 进一步感受代表山高和丛龄的毛味、丛味和辛辣串味，以及代表生态的匮味。

④ 若是好茶，细辨香气的持久度、浓郁度、飘浮和沉稳程度，初步判断焙火后是否能与毛茶保持一致或比毛茶时更出色。

⑤ 若茶的做工略有缺陷，需判断是哪些方面的缺陷，以及是否能通过后期加工修复，从而获得效益空间。

三、泡茶品鉴

1. 冲泡前

① 检查用水和茶器是否有异味，使用纯净水，杯子和盖瓯需洁白。再次闻温热洁净的盖瓯中的干茶，确认与之前判断的一致性。

② 确保水温为 100℃，同时避免暖光灯和阴暗环境对视觉的干扰。

③ 单丛茶的标准投茶量为 7% 的固含量。（极端试法：投多和压碎评测另论）

2. 注水时

观察茶叶软化的速度、茶色渗出速度及香气飘出的情况（浓、淡、飘、沉）。

3. 出汤后

① 注水后等待数秒出汤，同时闻气息（纯、正、清、甜、锐、杂、青）。观察出汤过程中汤色前后的差异。

② 观察汤色是否清澈、明亮，分子是否细腻、黏稠，色口的白度。细看悬浮物与沉淀，检查是否有碎叶、烂梗。

③ 闻杯盖，分辨茶叶的香型、丛味、熟度、均匀度，以及茶叶产地的海拔，是新丛还是老丛及出产地的山门气息。

④ 第二泡注水后闷两三分钟再出汤，观察水路大小，品尝苦涩的程度。

⑤ 几泡后，观察茶渣的蜡色度和茶叶的鲜活度。评估摇青偏红还是偏青，红边是否均匀、锐利。

4. 品尝

① 喝茶前先闻杯面气息，检查水中有无飘香。分辨香气的不同属性，同时考虑自身状态对口感的影响，以及味觉是否受其他食物或茶叶影响。必要时进行净口处理。

② 品尝时，首要考虑茶的香气、干净度、甜度、柔顺度、糯感、回甘、喉底、黏牙感、生津效果和回味持久度等。鉴别香气属于水飘香、水含香、水吐香❶中的哪一种，香气类型是决定后期焙火方案的关键。

③ 注意细节品味，感知品种丛味明显度、滋味饱满度，分析山高丛老（毛味）和生态管理（匿味），评估冲击力、烫嘴度、洗刷力和是否气足通透等。通过喝和闻杯盖气息分析山门产地。

④ 细节上还要品味苦涩、青味、焦味、闷味、水味、腥味、杂味、湿味、酸味、腐味、垢味、寡薄和卡喉等不良味道的程度。

⑤ 回味时，感受回甘、黏牙、生津及苦涩程度。体验茶气流动和身体部位的感应。

⑥ 喝完茶后，观察汤水中杂质沾杯程度，闻杯壁的挂杯香。

⑦ 重复品饮评测过程，评估茶叶耐泡程度和表现层次。观察叶底打开速度、大小、完整度、破损程度、红边形式、叶肉滋润饱满度及叶底反菜鲜活度等。

⑧ 通过热闻和冷闻方式，对叶底进行识别，这是判断茶叶品质和价位的关键，有助于验证和补充之前的判断。

---

❶ 水飘香、水含香、水吐香：茶水香气的三种表现形式，它们的区别主要源于嗅觉的两种途径——呼吸道嗅觉和鼻后嗅觉的不同特性。呼吸道嗅觉对气味分子浓度的敏感度较高，而鼻后嗅觉则在识别气味分子的种类和结构上更为精确。例如，我们可能无法通过呼吸道嗅觉辨识茶汤的轻微发霉或食物的轻微变质，但有经验的品鉴者一尝便知。

在茶的香气表现中，如果茶的气味分子在单向上特别突出却内含不够丰富时，则表现为闻着香，但喝起来感觉不到水里有香。反之，当气味分子丰富但无单向突出时，则表现为闻起来并不特别香，但在饮用时却能感受到水里丰富的香气，这种现象称为水含香。如果一款茶既具有水飘香的特性，又有水含香的特性，行业内通常称之为"香落水"。当然，最理想的香气表现是在吞咽茶汤之后，口齿留香，口腔中长时间能感受到芬芳感，这种现象被广泛称为水吐香，这样的茶必然同时具备了水飘香和水含香的特点。

虽然上述步骤按照一定的顺序列出，但在实际操作中，并没有固定的顺序。经验丰富的茶商通常能够迅速地完成这些步骤，仅需几分钟而已。对于那些品质特别突出的茶叶，许多人甚至只需通过快速的观察和嗅闻，就足以在一分钟内做出购买决定，无需进行冲泡评测。相反，如果遇到品质有明显问题的茶叶，比如能嗅到不好的气味，如雨菜气味，那么就没有继续其他步骤的必要了。因为对于品质低劣的茶叶，不值得投入更多的时间和精力。

经由前面内容的剖析，我们能够发现：要真正深入理解单丛茶，不仅需要实操经验，还需要具备一定的茶树的栽种及制茶工艺知识储备。单靠口头传授或者个人揣测，很难达到精通的水平。在社会当中，人们对乌龙茶时常会有一些误解，有人会误将不良的气味当作是香气。比如，有些人会错把臭青味与返青味当作是"香味"，将烘焙过度而产生的"火味"错误地称为"茶香"，把做青不透导致的苦涩感称作"茶底"。被误解的"香气"还包括：茶青闷熟产生的"梅子香"、茶太青导致的"炒黄豆香"、采摘太嫩出现的"蚕豆香"以及烘干时稍微过度产生的"焦糖香"等。

目前，单丛茶行业也拥有一套常用于评奖的评审标准体系，该体系把评分划分成五个部分：外形（20分）、香气（35分）、汤色（5分）、滋味（35分）以及叶底（5分）。虽说这一评审体系看似非常专业，但其在商业实践中的运用却面临挑战。尤其是外形评分，其在总分中占据了一定的比重。然而，市场上常常能看到，一些价格仅百元左右的外山茶叶，其外形甚至超过价格数倍的凤凰高山茶。而且，即便是高山古树茶，工艺稍欠火候也往往难以在这个体系中获得高分，但实际上却不能否认其是价格高昂的好茶。这些现象也诠释了茶叶评比中常常出现极品好茶难以获奖的情形。

这种评审结果与市场价值的不匹配，在行业内引发了广泛争议。就目前来看，这种评审标准似乎既不完全是为了衡量茶叶的价值，也并非单纯评价其工艺水平，更多是局限于同品类、同级别档次的细微差异鉴别。就此而言，这套体系专门用于评奖也是合理的。

　　若要解决这些问题，有必要构建一套新的工业评审标准与评奖标准并行。新的标准应更贴近市场的实际需求，确保茶叶的实际性价比能得到更准确的体现。若如此，该标准不但能够推动单丛茶技术的提升，还能提高从业人员的工作效率，进而促进整个茶行业的健康发展。

　　当谈到茶叶的市场性价比时，凤凰镇观茗茶厂的做法值得一提，他们极具创新性地制定了一套"单丛茶价值企业标准"，把品种、产地、树龄、天气、做工以及焙火方向等关键因素纳入考虑范围，还将这套标准应用于采购人员的培训以及批量采购指导工作。这一标准的施行，或许是该团队在单丛茶行业中成为出货量之首的关键。倘若这个标准能够符合市场性价比的要求，那么它可能会对未来单丛茶的品种优选以及种植推广都有良好的参考作用。

　　尽管社会上普遍觉得单丛茶缺乏统一标准，但这更多反映出茶叶质量受过多因素影响，导致无法实现 100% 的可控，致使茶叶品质难以达成完全的一致性。而偏偏单丛茶的香气与臭味往往在同一施工程序中产生，只因程度不同而走向相反的结果，可见，单丛茶的美与恶皆是与生俱来的。制茶大师们致力于规避所有潜在的缺陷，而评茶则是为了识别出那些在制茶过程中未能完全避免的缺陷。制茶的精髓在于对茶之边界的探索，而评茶则在于对这些边界的深刻认知。

　　单丛茶的拣评还涉及挑拣工序，这涉及去除毛茶中的老叶、茶梗和茶碎，以提升茶叶的品质和卖相。中国传统文化中有"秀色可餐"和"色香味俱全"的说法，这体现了中国人对美味的深层次追求。另外，挑拣工序不但能够提升茶叶的外观水平，也有助于改善茶叶的口感，因为老叶和茶梗的蛋白质含量较低，滋味相对寡淡。同时，由于老叶和茶梗的油脂含量较高，它们对高温烘焙的耐受性较差，从后期加工的角度来说，必须将其剔除，以保证烘焙过程中茶叶的一致性以及品质的统一。

第五节
单丛茶的焙火

我曾听一位茶界前辈讲过这样一句话："单丛茶重香道，岩茶重水道。"他还进一步阐明："单丛茶七分工，三分焙；岩茶三分工，七分焙。"尽管此说法稍具主观色彩，然而其凸显了焙火工艺在茶叶制作中起到的关键作用。

焙火的主要目的在于提升茶叶品质，适度的焙火不但能够强化茶叶的风味，还能在一定程度上弥补茶叶自身的某些缺陷。焙火能改变茶叶的香气和口感，其原因在于持续高温环境下引发的一系列物理与化学反应，这些反应能从根本上改变茶叶的化学成分。不过，这一过程并非毫无风险，因为高温可能致使茶叶中的一些优质成分发生不可逆的劣变。这也就解释了为何有些优质茶叶经焙火处理后，其品质反而下降。若焙火过程处理不当，即便品质上佳的茶叶也可能口感变差。故而，深入探究焙火工艺的原理显得尤为关键。

要深度掌握单丛茶焙火工艺原理，需从物理学与化学角度展开研究。然而，由于传统茶农普遍缺乏这两门基础科学知识，单丛茶领域至今尚未形成普遍认可的焙火标准，也缺少系统化、规范化的文献资料供从业者学习与参考。此种现状使得每一位新加入单丛茶行业的茶人都必须依靠自身力量去摸索与实践。

此外，社会对于茶的口味有着多元化的追求，不存在统一的喜好标准。再加上不同茶叶的物质结构复杂多变，因此不存在统一的焙火方法可满足所有人的口味。所以，在探讨单丛茶的焙火时，我们只能探讨不同类型茶叶如何通过不同焙法实现不同效果，以及焙火对茶叶品质产生影响的规律。同时，我们将依据一些显著的效果方向，介绍相应的焙法及其背后的因果关系。

一、单丛茶焙火的原则与形式

1. 以快速销售为目标的焙火形式

单丛茶初加工完毕后，茶叶被称作毛茶。此时的茶叶风味清新、香气甜美，处于极为理想的状态。然而，茶叶在烘干过程中经历了一系列剧烈的化学反应，诸多分子重新组合形成新的分子。一些反应不充分的微量元素仍以单体形式存在，这些单体活性较高，致使茶叶的优良品质极不稳定，同时寒气❶也较大。若存储不当，容易产生异味、杂味与青味。

茶商购入后，多数茶商会选择先将毛茶存放一段时间再进行挑拣与焙火，但为了实现新茶快速上市，也有部分茶商选择尽快进行挑拣与焙火。然而，此时的茶叶对高温的耐受性较低，因为大部分对风味有利的物质刚在烘干过程中生成，就已达到理想饱和状态。若再次长时间接触高温，可能会引发过度的二次反应，生成对风味不利的物质，破坏茶叶优良品质。因此，若要即刻焙火，应采用轻度焙火，以保持其原有花香，并减轻因之前反应不充分而存在的青味，使茶叶进入更为优良的稳定状态。此类茶叶较受新入门茶客的喜爱，因其香甜

---

❶ 寒气：源于中医学术语，是指一种寒凉性质的能量，它可能会使身体出现寒凉病理状态，引发不适或伤害。于茶领域而言，寒气的危害主要体现在对胃的伤害。这主要是因为新制茶叶生命力过于旺盛，处于不平衡状态。比如，粗制滥造的茶、青炒的茶、雨天采摘的茶以及冰茶和抽湿茶等，其寒气现象都较为显著。

感极为直观。然而，老茶客❶可能不太喜欢，因为新茶中的寒气可能会使一些人感到不适，中医也认为此类茶叶可能对胃有损害。此外，茶叶中的草酸、鞣酸等含量较高，易与蛋白质等物质发生反应，形成可能阻碍肠胃消化吸收的细小颗粒，从而对身体造成潜在伤害。

随着存放时间延长，形成茶叶优质风味的分子链逐渐趋于稳定，并受到一定程度的环境侵蚀与退转，对焙火的耐受性增强了。例如，存放两三个月后，茶商可选择较高火候，以更有效地去除茶叶的寒气与青味，使其呈现另一种高级的品饮效果。尽管可选择较高火候，但仍需保持茶叶的活性，避免超出其承受范围。如此，焙火后的成品仍属于清香型，虽寒气仍然存在，但对身体条件良好或常食用热性食物的人来说，影响不大。

尽管上述两种焙火方式一快一慢，但均属于为了新茶快速上市而采用的常规方法，多数茶商都在使用。不论选择上述何种焙火方式，茶叶在焙火后的几个月内可能再次出现返青现象，此为正常现象，因为每次合格的焙火都保持了单丛茶的活性。此活性既是单丛茶的品饮魅力所在，也是返青的主要原因。因此，几个月后通常需要进行二次焙火。随着焙火次数增加，茶叶的花香会逐渐减弱，而寒气与青味也会随之降低。同时，茶叶的丛香、蜜香和水柔度可能会随之提高。产生的结果是，逐次焙火后的茶叶与焙火前相比，风味可能发生显著变化。

总的来讲，以快速销售为目的的焙火规律在于，每次焙火均致力于提升茶叶品质，期望借由焙火让茶叶更契合大众或者特定客户群体的口味偏好。在去除青杂味的同时，所追求的方向涵盖香、甜、滑、糯、醇、柔、爽、干净度等。为保持茶叶优良的品质，在焙火过程中必须遵循以下两项原则。

❶ 老茶客：潮汕地区对于嗜茶且有多年饮茶经验人群的一种称呼。此称呼不但彰显了他们对茶艺的深厚领悟，也反映出他们对饮茶习惯的执着。老茶客对其常饮茶叶的品质和冲泡方法了如指掌，他们还习惯用身体去感受茶的细微差别。长期喝好茶的老茶客对茶的任何细微瑕疵都能品得出来。而长期饮用普通茶的老茶客则容易形成重口味，使其对茶的刺激程度产生依赖和偏执，甚至对因纯净度高而缺乏浓烈风味的高档茶都不喜爱。

其一，要焙透：尽可能使茶叶的内含物质得到充分反应，使其于后期维持最佳口味状态，降低存储中的常温反应。简单来说，就是让茶叶口感更优，同时延缓"返青"❶ 的速度。

其二，不要焙死❷：防止焙火过度，致使茶叶出现焦、臭、苦、涩、空等不良口感。

这两大原则恰好体现了茶叶焙火的艺术表达，既要有深度又不能过度。这种火焰上的艺术成败往往只在须臾之间。

2. 使单丛茶达到理想效果的计划性焙火形式

由于快速焙火的单丛茶存在返青以及寒气等问题，每个茶商均在探寻解决之法。茶叶的理想状态为，借助恰当的焙火与储存手段，不但能够维持优良的品饮功效，还可保障其健康特性。在潮汕地区有这样一句俗语："单丛要喝隔年春。"其字面意思是最为好喝的单丛茶是等到第二年再饮用的春茶。虽说这句俗语带有一定主观性，因为诸多茶在中秋前后就已然非常美味，但此俗语的流行定然有其道理。隔年的春茶通常历经了三至四次的焙火处理，这是对口味与健康属性的综合考量。那么，其理论依据究竟是什么呢？下面我们来了解一

---

❶ 返青：是茶叶生命力向生的一种表现，原因有二。其一是茶叶经过高温烘烤后，在其生命力作用下而返生；其二是高温烘烤所产生的多环芳香烃在受潮或氧化后产生异变。这两种情况都会使茶汤产生青味、杂味和涩感等不良风味。故而，在茶叶没有焙死的前提下，越是烘过火的茶叶越容易在后期出现返青。茶叶返青还会导致人吞咽后口腔干燥，严重时甚至令人越喝越渴。若茶叶本身质量欠佳，吞咽时还会有卡喉之感。尤其是高火或过火的茶，因高温生成的杂环胺等物质的存在，这些不适感会更为明显。因此，可以说"返青"是单丛茶的"魔鬼"，是追求单丛茶"活性魅力"过程中难以规避的挑战。

❷ 焙死：指的是茶叶在烘焙过程中，因持续高温或超高温，导致内含物质发生了不可逆的化学反应，影响了茶叶最终的品质。常表现为叶底多次闷泡后都不再返绿，叶片炭化甚至完全变黑，久泡后的叶底仍硬邦邦的。也有人称焙死为"病火"。虽然"病火"是好茶的大忌，但因其有特殊的味道，也有一些人喜欢。比如，将焙成"病火"的茶叶存放一段时间后，火味会稍减，口感反而更易达到柔、顺、甜、糯的效果，同时因茶叶焙死了而不存在返青现象。因此，有些商家会采用"病火"手段，将品质较差的茶叶烘焙得乌黑而难以分辨其制作工艺和生态是否优良，同时制造出火香和炭香以迎合市场上的口味追求。但高品质的单丛茶是绝不会主动烘焙成这样的，毕竟原味的丛香、花香才是单丛茶的独特魅力。

下隔年春茶四次焙火次序的讲究。

第一次焙火，安排在端午节（纯阳）期间进行。

第二次焙火，于三伏天（至阳）期间实施。

第三次焙火，在三九天（紫阳）期间展开。

第四次焙火，在次年惊蛰之后进行。

选择在上述时间节点进行焙茶，主要有如下几方面的原因。

（1）销售方面的考虑

在潮汕地区，茶叶销售的旺季通常集中在端午节、中秋节以及春节前。故而，茶商们会赶在这些节日之前完成茶叶的焙火，以确保在销售高峰期能够提供高品质的茶叶。

（2）品质方面的考量

端午节前和三伏天的气候湿度较大，茶叶容易返青，同时茶叶受热性也较强，这两个时间段进行焙茶的效果都较为良好。而从三伏天到年底这段时间较长，此时的茶叶需要适度焙火以去除青味与杂味，提升口感。所以会在三九天再进行一次复火。

（3）健康方面的考虑

茶叶本身属于寒性食物，需要不断用阳气进行中和，使其寒性减弱，以实现对人体更好的保健作用，也能适宜体质虚弱和胃寒的人群饮用。中医重视阴阳的调和。端午是一年中阳气最为纯正的一天，三伏天是阳气最为旺盛的时期，三九则是极阴之后阳气刚开始萌动的节点。这三个节点是补充阳气的最佳时机，连中医也对这几个时间节点尤为重视。所以，此时段用"三阳火"来焙茶，正合时宜。

（4）商业效益方面的考量

在焙火过程中，保持茶叶的活性极为关键。所以，即便新茶已经存放了一年，到了第二年的惊蛰时节也会开始复苏，这一现象在业内被称作"返春"。老一辈人认为这是茶叶的生命力被天时节气唤醒，这种向生的欲望会持续到谷雨时节。随着春天的结束，茶叶的向生欲望逐渐减弱，茶性也趋于平和。在此期间，再次使用炭火（阳火）进行复焙，可以让茶叶呈现稳定、祥和的状态。同时，历经四次精心焙火的单丛茶，其价值通常也达到了顶峰。品牌商通常会将这类茶叶装盒销售，以尽可能保持茶叶品质的稳定性，延长保质期。

二、单丛茶焙火的热源

在对单丛茶实施焙火时，热源的选取极为关键，不同的热源对于茶叶品质有着显著影响。目前，主要的焙火工具可分为传统炭焙与电焙两种。尽管传统炭焙在效率与成本方面都逊色于电焙，但其在单丛茶行业中仍占有一席之地，原因如下。

① 茶叶本身是寒性的，而木炭的阳气相较于电阻加热的阳气更为充足，有助于中和茶叶的寒气。实验表明，在相同的焙火程度下，炭焙的茶叶更为温和，对胃的刺激性较小，尤其对于体质偏寒的人群，这种感受差异尤为显著。多数人在空腹饮用时，也能明显察觉到两种焙火方式所带来的不同舒适度。

② 单丛茶的焙火需焙透，炭火焙制的茶叶，其效果更为清透，口感更佳，这是由于炭火产生的红外线相较于风热传递具有更强的穿透力。

③ 炭是由植物烧制而成，老一辈觉得，炭火焙制的茶叶更能延缓返青效果。实验也证实，即便在电焙过程中，长时间向电炉内输送炭火风，也能有效延缓茶叶的后期返青。

④ 炭火焙制的茶叶带有独特的炭火味，尤其是起炉前期更为明显，这种风味可掩盖茶叶中的部分不良气息。对多数茶叶而言，进行炭火焙制是适宜的。不过，并非所有人都喜爱炭火味。特别是对于那些带有花香的茶叶，一些人更倾向于保持茶叶的自然香气与纯净口感，而非混入炭火的香味。因此，在焙制高档茶叶时，应待炭火完全无烟味后再进行烘焙。

⑤ 茶叶炭焙在耐热性上，相较于电焙有明显的优势。例如，新茶在电焙中耐热极限为110℃，持续时间为10小时，而传统炭焙在125℃并持续10小时

的条件下仍不会损伤茶叶。其中部分缘由是静态风与动态风的差异，类似于热水泡脚时的耐热感受：同样水温，脚一搅动就会感觉较烫。基于这一原理，电焙机械的制造商开发了不同方向的机器，有的以热源强劲、火力猛为特点，有的以大循环风、容量大且上下层均匀为卖点，还有的以风口错位、柔和慢炖为特色。技术人员深知，在不焙过火的前提下，相同时长内用更高温度焙制出的茶叶更清透，且后期不易返青（需注意的是，复焙太急或焙过火的茶，越高温反倒越容易返青并生出怪味）。而风力较大的焙火方式虽能快速去除茶叶中的杂味，提升茶汤的力度，但糯感较差。由此可见，热源的选取也是焙火技术中的核心要素。

三、单丛茶焙火的方向

在探讨单丛茶的焙火时，必须认识到，事物永远不可能朝着完美的方向发展。因此，焙茶师需明白焙火过程中可能带来的优势与潜在的缺陷。基于这种理解来确定焙火方向，以满足客户需求或实现价值最大化。真正的焙火高手在深刻理解茶叶发展规律的基础上，通过精准把控节奏与平衡，以达理想的焙火效果。可见，节奏与平衡是焙火的核心关键，而节奏与平衡也正是生命的本质。

单丛茶的焙火，有两种效果较为突出的方法——乳化法和交联法。采用这两种方法后，可明显感受到茶叶口感与风味的差异和变化。

乳化法是一种旨在增强茶叶糯感的烘焙技术，其原理类似烹饪中的"油爆水"。比如，在烹饪时，先将鱼煎至金黄，再加入适量水炖煮，所得鱼汤会更为浓、糯、香、滑。相对而言，若直接将鲜鱼放入水中煮，无论煮多久，都是清汤寡水。在茶叶烘焙中，若要追求茶汤的"肉头"❶口感，可选择在水

---

❶ 肉头：乃是潮汕人用以形容茶汤具有柔糯感、饱满度的一种术语，亦可理解成黏稠感。其主要源自多糖与脂肪酸对味蕾的包覆。故而，高山老丛茶在这方面具有优势。另一个来源则是经由焙火而达成的乳化效果。乳化程度越高的水溶液味蕾对其产生的黏稠感越强烈。

沸点以下的温度进行长时间炖烤。这种方法利用油脂和水分吸热的差异，通过"油爆水"的反应促进物质的交融，从而增加茶叶的表面活性物，对茶汤产生乳化作用，使其更为柔滑、香糯、浓郁，提升口感的质感与饱满度。然而，这种焙法可能会牺牲茶汤的爽口度与渗透力。此外，掌握乳化法的关键在于精确把控温度节点，因空气中水分缺乏可能导致热传递不足而抑制油脂升温，特别是在与空气接触较少的茶叶内部，更需细致调控温度与烘焙时间，同时要注意茶叶的铺筛厚度。

交联法属于一种可提升茶叶清爽感的烘焙技术，其原理是高温之下树脂的交联反应以及内含物质的焦化收缩。例如在烘焙之时，选取 $125 \sim 160℃$ 的温度在短时间内快速焙制，能够让叶膜、叶肉以及树脂等成分迅速交联且收缩，改变可溶性物质的渗出形态，且在焦化过程中生成杂环胺与多环芳香烃。运用这种方法焙制出的茶叶，其茶汤通常呈现出甜水、爽口、有渗透力、高香的效果。然而，其亦存在局限性，比如可能导致茶汤口感单薄、水质偏硬，以及香味虽锐利但不够浓郁。若烘焙时间过长，可能会引起蛋白质等物质的焦灼变质，导致风味与香气出现不可逆的变差，甚至可能使茶叶炭化而丧失活力。故而，对于本身品质上乘且带有花香的茶叶，一般不建议采用交联法。相反，对于香气不足的茶叶，交联法能够提升其爽口特性，甚至赋予其独特的火香。

由上述情况可知，乳化法与交联法的效果在诸多方面是相反的。在决定茶叶焙火的方向时，需依赖经验判断或者市场价值的引导。在实际情况中，许多茶农缺乏必要的理论与技术知识，只能被动地接受最终的焙火结果。值得注意的是，在某些变化中，部分是可逆的。例如，倘若实施一次"乳化焙"的效果不佳，客户期望获得更爽口的口感，可通过提升温度转变为"交联焙"，从而降低糯感并提升爽口度。反之，若"交联焙"后客户仍不满意，再次采用"乳化焙"可恢复柔糯的口感。通过这两种技术的交替运用，能够逐步达成更为理想的焙火效果。但这种逆向操作的空间是有限的，毕竟每次的实施均伴有不可逆的反应参与其中。过多的往复也会损害茶叶的品质。

茶叶在焙火过程中，有较多效果是不可逆转的。例如，一旦花香因高温焙火而消失，就无法恢复；同样，水解单宁带来的涩感若在焙火中被去除，后期便不会再次出现。谈及涩感，就必须了解茶叶中的两种单宁：水解单宁和缩合单宁。

水解单宁更多是茶叶在生长过程中为满足其自身生存需求而产生的防御激素，可以理解为，在未成熟前避免被动物择食。在制茶过程中，催熟可使水解单宁转化为氨基酸和多糖等物质。水解单宁含量越高的茶叶，充分转化后越鲜爽，这就是为何越蜡色的茶叶越容易鲜甜又越容易涩。

缩合单宁则是茶叶生命力的存在受到挑战时，为增强生存能力进行自卫反应而产生的激素。它通过将氨基酸和多糖等物质转化为苦涩味的物质，形成一种保护机制。例如，在恶劣环境下生长的过程中、在制茶的浪青过程中，特别是在杀青环节，缩合单宁的形成尤为常见。若在制茶阶段未能有效转化这种单宁，那么在后期的存放或焙火中将难以去除。缩合单宁仿若茶叶的"脾气"，始终让喝茶的人感受到涩感。

了解了这两种单宁，便能明白有些茶叶的涩感可通过焙火得到改善，而有些则可能因焙火而变得更为苦涩。在选择焙火方向时，必须深入了解茶叶的单宁属性，以选取不同的温度和时长。同时要考虑目标客户的口味偏好。

1. 焙力道

在潮汕地区的茶文化里，时常会用"力道"来描述茶汤的口感，它涵盖了茶汤的爽口度、利索感、渗透力，以及体感和茶气的综合体验。在焙火工艺中，力道的提升主要通过高效的交联作用来实现，即在较高温度下长时间处理茶叶的表面活性成分。如此焙出来的茶，汤色更加通透明亮。

举个例子，对于一条品质中等的茶叶，采用电炉进行焙制。方法 A：以95℃的温度焙制 24 小时后出炉。方法 B：先以 95℃的温度焙制 24 小时，随后升温至 110℃继续焙制 2 小时后出炉。对比 A、B 两种方法的效果，B 方法由于在末尾提高了温度，其力道明显强于 A 方法。若进一步实验，采用 C 方法：在 B 方法的 110℃焙制完成后，再降温至 95℃继续焙制 2 小时后出炉，我们会发现 C 方法的力道反而大大减弱，几乎回到了 A 方法的状态，同时茶汤的肉头感也接近于 A 方法。这一规律在茶叶制作技术中极为重要，表明茶叶在焙制过程中，最终定型的温度和方式对茶性具有决定性影响。尤其在初制加工阶段，它甚至可能改变人们对现有六大茶类的分类认知。结合生命力流向的理论和"工艺安全"理论，这无疑将为人类带来既健康又美味的新工艺茶品类。

此外，之所以选取品质中等的茶叶作为例子，是因为原本力道不强的茶叶在焙火后差异更为显著。实际上，即使是优质茶叶，采用上述方法也能体会到力道的差异。至于采用 24 小时的焙制时长，只是为了更明显地区分口感差异，在实际生产中，很少有人采用这个时长。

通过这个焙火的例子，可以清晰地看到，焙力道和焙肉头是两个相反的发展方向，焙茶师在实践中必须在两者之间作出选择。在潮汕地区的茶文化中，还有"饱嘴"一词，它恰好是对既有力道又有肉头口感的茶的综合描述。实际上，力道这种感觉并非仅仅来源于焙火工艺，高山老丛茶在此方面有天然的优势。

2. 焙顺滑

在探讨焙茶工艺时，"焙顺滑"这一概念其实不应单独拿出来论述，因为若焙肉头的方法运用恰当，茶汤自然柔滑；而焙力道适宜的话，茶汤则会爽滑。由此可见，要实现顺滑有两个相反的走向。但有一点是共通的，那便是都必须焙透。通常来讲，由焙力道法带来的爽滑感或许会伴随时间的存放而逐渐变弱，然而类似老茶的柔滑感却可能随之增强。

3. 耐焙火

经验丰富的焙茶人会发现，即便处于同一季节、同一品种的茶叶，它们对于焙制的耐受性也会存在差异。像脂肪酸含量较高的茶叶通常更耐焙，这类茶叶大多来自高海拔的老丛茶树，或者是在制茶过程中催熟程度较轻的茶叶，特别是那些采用青炒工艺的茶叶，都具有较强的耐火性。另外，油脂和蛋白质含量较高的茶叶就不太耐焙，比如过老或过嫩的茶叶。反之，若是油脂和蛋白质含量特别低的茶叶，则会展现出超高的耐火性，比如种植在纬度较高地区的茶叶。

4. 焙香气

香气堪称单丛茶的灵魂，而在焙茶时要想精准把控香气，首先得深入了解茶叶中的附香物质及其转化条件。当温度达到附香物质的沸点时，这些物质会蒸发；长时间处于高温低压环境也可能使附香物质升华。这些便是单丛茶的香气在焙火过程中逐渐减弱的主要缘由。以"凤北蜜兰"这一品种为例，新制成的毛茶便能散发浓郁的蜂蜜香味，可一旦进行焙制，这种蜂蜜味就会消失。这是因为该茶所含的蜂蜜香味主要源于乙酸乙酯等物质，其沸点仅为 $77.2℃$。即便在常温下存放，这些物质也会逐渐升华，更别说在高温焙火的环境下了。

尽管在焙火过程中，我们的目标是去除茶叶中不讨喜的青叶醇、吡嗪等的气息，但同时我们也希望能保留那些令人愉悦的香气。可惜的是，这些好味道也可能随着高温而挥发，特别是那些沸点较低的酮类和酸类物质，比如常出现在八仙、贡香品种中的茉莉酮，让茶鲜爽的谷氨酸，使茶甜水的苯丙氨酸等。此外，即便沸点较高的醇类、醛类、酯类等附香物质，在长时间高温低压的条件下也会升华，如赋予茶叶清香的反式青叶醇，赋予大乌叶中柚花香的壬醛，以及赋予锯朵仔苦杏仁香味的苯甲醛等。

因此，在焙制具有上述香气特征的茶叶时，可以选择 $90℃$ 以下的温度进行烘焙，以保持其花香的优良品质特征。对于尚未展现出类似芬芳香气的同品种茶叶，则可以选择 $105℃$ 以上的温度进行烘焙，以赋予其丛味以及顺滑、甜口的特点。如果茶叶有臭青味，可以根据主要呈味物质吡嗪的沸点（ $115 \sim 116℃$ ）来选取合适的温度进行去除。通过这样的精细调控，能够最大程度地保留茶叶的怡人香气，同时去除不良气息，制作出高品质的单丛茶。

了解这些理论后，我们就不难理解为何有些品种的丛味会越焙越明显，有一些品种的丛味特别耐焙，比如富含苯乙酸甲酯的蜜韵白叶、富含纤维醇的鸭屎香、富含橙花叔醇的水仙浪菜、富含表没食子儿茶素的姜味系列（如姜薯香、南姜等）。这些茶叶之所以耐焙，是因为它们所含的附香物质具有较高的沸点，即便经过长时间的高温处理或多次焙火，这些物质仍能较好地保留下来。随着那些干扰丛味和花香的复杂气息的挥发和升华，丛味和花香的纯净度得以提升，变得更加突出。

因此，对于各种具有特殊香气特征的品种，选取合适的焙制方法至关重要。这就要求焙茶师不但要有深厚的理论知识，还要有丰富的实践经验，以便根据每种茶叶的独特性质，调整焙制的温度和时间，以达到最佳的焙制效果。

单丛茶的焙火技术无疑是成品茶商的核心竞争优势。遗憾的是，目前在整个单丛茶行业中，缺乏专业的机构专门研究和提供这项技术的培训。这种情况使新进入单丛茶行业的创业者不得不投入大量时间和精力去自学和摸索，有时甚至因难以逾越的技术壁垒而创业失败。不可否认，部分失败的创业者可能没有充分重视焙火技术的重要性，错误地认为只要有优质的茶叶就能保证销售成功，这反映出他们对茶的本质和消费者需求缺乏足够的尊重与理解。

由于焙火技术的普及和推广不足，许多单丛茶未能实现其最佳的品饮效果，大量优质茶叶的潜力未能得到充分发挥，从而造成资源浪费，甚至给品类形象带来损害。为了改变这一现状，我们迫切希望未来行业能够对此给予更多关注，并大力推广焙火技术。通过开展专业的研究和提供系统的培训，以降低新创业者的学习成本和创业风险；同时提升行业的技术水平和产品品质，让茶叶消费者更深刻地体验到单丛茶的独特魅力，为整个茶行业的健康发展提供助力。

第
六
节

单丛茶的冲泡

对于单丛茶的冲泡，我倾向于采用潮州工夫茶的泡法，我对这门技艺充满了热爱。尽管这一技艺我已应用二十余年，但我并非潮州本土人，对工夫茶文化的理解和技艺的掌握仍有局限。因此，我并不认为自己有资格代表潮州工夫茶技艺发言。本节所表达的观点，仅基于我个人对单丛茶冲泡方法和相关文化的理解。而且作为一名茶农，我在工夫茶方面也没太有工夫。

为了深入探究潮州工夫茶文化，我阅读了一些相关书籍并进行了网络搜索。社会上广泛流传着"潮州工夫茶盛行于宋代"这样的观点，在百度百科等资料中也有所体现。但我却未能寻得确凿的证据来支撑这一说法。

潮州电视台曾经报道："潮州工夫茶起源于清代。"我认为这一观点是极具责任感的，其依据是关于"潮州工夫茶"最早的记载出现在清代著作《潮嘉风月记》中。该书详细描述了与现代潮州工夫茶相似的泡饮方式。

此外，明代《潮州志》中的记载提供了进一步的线索："潮之为郡，无采茶之户，无贩茶之商，其课钞，每责于办盐主首而代纳焉。有司万一知此，能不思所以革其弊乎？"这段话表明，在明代，潮州地区并未出现大规模的茶叶种植和贸易活动。

万历年间的《潮中杂记·卷十二》亦有记载："潮俗不甚用茶，故茶之佳者不至潮。"这进一步表明当时的潮州对茶叶的需求并不大，也反映出工夫茶在明代的潮州并未广泛流行。

尽管在明代史料中确实有关于潮州茶税和进贡的记载，然而这些记录的数量及影响力都极为有限，不足以证明工夫茶在当时的流行态势。

不过，历史文献表明，在明代的苏杭地区，"工夫茶"这种饮茶方式已然成为一种文化。明代许次纾在《茶疏》中细致入微地描述了文人饮茶的精致场景："凡士人登山临水……余特置游装，精茗名香，同行异室。茶罂、铫、注、瓯、洗、盆、巾诸具毕备，而附以香奁、小炉、番囊、匙、箸。"文中所列举的茶具与今日工夫茶旅行套装颇为相似，由此反映出当时的茶文化已经相当发达。

《茶疏》中还有一段描述，似乎说明了"工夫茶"形式在明代时期的演变细节："若巨器屡巡，满中泻饮，待停少温；或求浓苦，何异农匠作劳，但需涓滴。"这反映出明代中晚期的普通农民和工匠常采用大茶壶冲泡、循环倒水的方式来饮茶，主要是为了解渴。作者对这种饮茶方式持批判态度，反映了茶文化在当时的普及程度和真实性。在批判之余，他还阐述了改用小壶冲泡的重要性："一壶之茶，只堪再巡。初巡鲜美，再则甘醇，三则意欲尽矣……所以茶注欲小，小则再巡已终，宁使余芬剩馥，尚留叶中犹堪饭后供啜漱之用，未遂弃之可也。"他提倡使用小壶，因为小壶冲泡的投茶量少，经过两次冲泡后即可饮用其精华，剩余的残渣余汤可用于洗漱，体现了追求美味和节俭的时代精神。

《茶疏》中还描述了对小杯饮茶的偏好："茶瓯，古取建窑兔毛花者，亦斗碾茶之用宜耳。其在今日，纯白为佳，兼贵于小。"这一段描述了"工夫茶"形式理念和器皿的时代演变，进一步表明了"工夫茶"这一饮茶文化起源于明代，特别是"贵白、贵小"的文化，至今仍被传承。

在饮茶礼仪方面，《茶疏》亦有详细记载："人必一杯，毋劳传递，再巡之后，清水涤之为佳。"这种一人一杯、单独饮用后再清洗杯子的饮茶方式，与现代工夫茶的礼仪几乎无异。

至于洗茶的习俗，《茶疏》中也有说明："岕茶摘自山麓，山多浮沙，随雨辄下，即着于叶中。烹时不洗去沙土，最能败茶……水不沸，则水气不尽，反能败茶。"这不仅证明了工夫茶中的洗茶流程在明代便已存在，还强调了使用沸水冲泡的重要性。

由上述内容可见，"工夫茶"的饮茶秩序在明代就已经相当完善。至于这种饮茶方式何时传播到了潮州，并成为当地的文化特色，还需要专家学者们进一步的考证和研究。

在探究潮州工夫茶起源的过程中，我曾带着稿件去请教一位工夫茶文化从业者，他表示专家们已经多次讨论并下了定论，提醒我不必再去"炒剩饭"。然而，当我试图了解具体的时间和出处时，他却表示要等他即将出版的书出来了才能告诉我。此外，我还向他请教百度百科中工夫茶"兴盛于宋代"的观点是否正确，他对此观点并不反对，反而换了一种说法来加以论证。

这一交流反映出一种社会现象：当他人的观点与个人的价值观或利益相符时，即便明知其有错误，人们也倾向于置之不理乃至接受；反之，若观点与个人立场或利益相悖时，则会翻脸不认人。这种风气导致了虚假信息在各个领域的泛滥，对文化发展的负面影响不容忽视。

我们经常谈及文化自信，但在现实生活中，许多人对自己的本土文化缺乏信心。实际上，文化的伟大并不取决于起源的早晚。以日本为例，它成功地将源自中国的茶道发展出了自己的特色。同样，虽然佛学起源于古印度，但它已成为中华文化不可或缺的一部分。目前，"潮州工夫茶"已被纳入国家级非物质文化遗产名录，并已建立国家标准和行业规范。这些成就足以证明工夫茶文化在潮汕地区盛行已久，并且是在潮州这片土地上得到了发扬光大。因此，真正的自信是实事求是，不必非要争夺那未必是真实的原创，更重要的是把握住今天的发展和意义。

对于文化的溯源，我同样充满热情。但我并不强调"老的就是好的"或者"老祖宗的东西不能丢"。我认为，了解文化源头的目的不仅仅是追溯历史事实，更重要的是吸收事物的源头能量，观察其发展脉络，理解其演变至今的原因，从中汲取历史经验和教训。理解源与流的关系，有助于我们在传统与现代之间做出明智的选择。我们通过学习历史，可以避免重复错误，缩短探索的时间，提高生命的效率。

关于"工夫茶"这一名称的由来，存在几种不同的说法。一种观点认为，这个名称源自清朝时期潮州人爱喝"武夷工夫茶"，遂将泡饮"武夷工夫茶"的整个过程和方法称为"喝工夫茶"。这一点在《潮嘉风月记》中有一佐证："投闽茶于壶内冲之。"

另一种说法是"工夫茶起源于工人喝的茶"。尽管主张这一说法的有业内权威人士，但许多工夫茶从业者对此并不买账，认为这种说法不够高雅。然而，这种说法与《茶疏》中的记载和当时社会现象相契合。旧时的雇主雇佣长工都希望工人能够多干活，不要偷懒不要停，巴不得长工们能够干到水也不用喝。然而，工人不可能整天不喝水，于是雇主会在每天的上午和下午安排一个茶歇时间，供大家补充水分并稍作休息。茶歇的时长理论上是以工人喝够了水为止，然后继续工作。但在一些技术性较强的工作中，如建房子等，雇主会比较顾及工人们的情绪和感受。在这种情况下，雇主会在茶歇中提供点心和茶水等，以激励工人更加用心地工作，同时也防范工人在风水方面做手脚。这个茶歇的时长被称为"一泡茶的工夫"。工人们喝完茶之后，通常会自觉地返回工作岗位，这种习惯延续至今。

基于这种习俗，工夫茶得到了良好的发展和应用。在面对吝啬的雇主时，工人们会巧妙地延长茶歇时间，以获得更多的休息时间，这促使泡茶和饮茶的器皿和形式都向着更加"磨洋工"的方向发展。因此，"工夫茶"最初的含义是指一种耗时的茶。如今，民间打招呼时仍会问："有没有工夫来喝一泡茶？"

从上述信息来看，"工夫茶"中的"工夫"并不指武术中的"功夫"，也不意味着特别讲究或高深的造诣，而是指"耗时间"。此外，"工夫红茶"的命名也是意指耗时较长的茶。同样，对于做事慢且效率不高的现象，人们常用"工夫是很工夫"来嘲讽或勉励。而且，我们常听到的"做得很工夫"，是对做事"细心慢做"或"花费了很长时间"的一种评价。因此，"工夫茶"的命名更多是对形式的描述，并没有褒贬的成分。当然，随着应用和发展，人们注入情感将其视为美誉也是非常合理的，这也正是文化的精神价值和魅力所在。

在泡茶艺术方面，潮州工夫茶的泡法不仅科学合理，其精妙之处堪称完美。作为一个注重实用性的人，我倾向于在日常泡茶过程中进行一些简化或调整，以追求更高的便利性。或许这正是我没有工夫的借口和体现。

通过观察，我发现社会中各种文化的发展往往伴随着不断简化的过程。在简化的基础上，融入新的发现，从而形成新的文化。接下来，我将分享我日常的泡茶流程，并将其与工夫茶泡法进行对比。

1. 备器

工夫茶的标配是红泥炉、紫砂铫、孟臣壶、若深杯。而经验告诉我，泡单丛茶时，用盖瓯最好，方便自主选择闷泡还是快出汤。同时，陶瓷盖瓯的釉面不吸味、不串味，而且白瓷有利于观察汤色。越薄的盖碗越能减少热传递而达到起茶香的效果，因此，潮州的骨瓷显然是不错的选择，泡老茶倒是可以选择紫砂壶。

2. 取水

泉水固然最佳，甘冽清甜。但优质的水源在当代社会中难以获取。日常泡茶，使用洁净无异味的水即可。好茶当然尽量用好水。

3. 生火

工夫茶讲究用红泥炉烧橄榄炭或特种木炭，而普通木炭因烟大而被视为茶之大忌。我在日常泡茶中则使用电陶炉居多。

4. 煮水

古代煮水时讲究包括一沸二沸三沸，能品出水的老嫩，这与煮水器皿也有关。现代煮水多采用不锈钢器具，若能使用陶壶或砂铫则更佳。我日常泡茶，只管将水煮沸而已。

5. 洁器

传统工夫茶中有烫壶滚杯的步骤，一为去腥去垢，二为温壶温杯。在日常生活中，保持茶具清洁卫生、不串味即可。

6. 纳茶

专业的流程有问客、选品、择量、鉴赏。对于纳茶量，我通常控制在盖瓯容量的 7% 左右（即 100 毫升容量的盖瓯下 7 克左右的干茶），但这一比例可根据个人口味或茶的品种进行调整。

7. 注水

工夫茶强调高冲，但在日常泡茶中，"低注"更能展现茶的风味，尤其是对于高品质的单丛茶。注水时应避免直接浇在茶叶上，而是沿着泡具边缘定点注入。对于没有花香的单丛茶或陈茶等，高冲也是一种不错的选择，更能激发茶汤的爽口度。

8. 候汤

候汤是指开水注入泡具至倒出茶水的间隔。在冲泡技巧中，候汤环节对茶的风味影响最大，不同的人有不同的喜好和主张。对于新手或口味较轻的茶客，建议快速出汤，当茶水略寡淡时，适当等待几秒再出汤。许多老茶客喜欢在这个环节稍作闷泡，当然，闷泡也要参考茶的品质，好茶不怕闷，经过闷泡后，别有一番风味。

9. 均汤

工夫茶对均汤的要求非常严格，其命名也颇具特色，如"关公巡城""韩信点兵""凤凰三点头"等。这些操作的关键在于确保每一杯茶的量和浓度都保持一致，并且每次冲泡后，瓯底的汤水都需要彻底沥尽。此外，还应注重"低洒"技巧，以防止茶香的流失。

在现代社会中，公道杯的使用已经变得相当普遍。尽管使用公道杯倒茶其风味可能稍逊于直接从盖瓯倒入茶杯，但它降低了实现茶色和茶量的均匀的操作难度，对于日常饮茶来说，仍具有其应用价值。

关于"茶倒七分满"的说法，实际上是一种文化误解，虽然存在"热茶倒满烫手欺客"的说法，且在实际操作中，确实很少见完全倒满的情形。这要归功于工夫茶的讲究：每次倒茶的汤水都必须沥尽。除了避免闷到茶底以外，还表达了主人"意尽出"的礼仪精神。因此，市面上的工夫茶具套装，通常已经考虑到了这一点，随意冲泡时，多是八九分满。冲茶人还可以通过控制注水量来调节。在中国文化中，请人吃东西时，总是希望客人多吃一点。如果使用小杯子，却只倒七分满，无论如何都显得小气。如果沥尽又恰好七分满，那也没有关系，但不能因为只能倒七分满而浪费或留一点茶水在瓯中。

另外，如果使用的不是常规工夫茶具，例如当今流行的大点的个人杯，那么倒三四分满也是合适的。倒茶量的多少主要取决于饮茶节奏，应避免茶汤因喝不完而变凉，或者因为要趁热喝完而给喝茶人带来压力。由此可见，倒茶的量与所泡的茶的品类及浓度都有密切关系。

10. 请茶

在工夫茶演示中，常用三个杯子，如果人多，喝茶得按礼仪规矩讲究先后顺序。现代人有新的卫生标准，倾向于每人一个杯，请茶就只要做一个手势或言语一声即可，现代人的礼仪审美注重落落大方，而不需要花枝招展，泡茶更是如此。

在上述的冲泡流程中，我并未提及"洗茶"或"醒茶"的步骤。这不仅反映了当代社会推崇的极简主义理念，也因为"洗茶"并非品饮茶叶的必需环节。实际上，优质的茶叶没有"洗茶"的必要性。在现代社会，许多人反对"洗茶"，尤其是那些日常饮用高品质茶叶的人。然而，在招待客人时，为了考虑他人的品饮体验，我仍会习惯性地进行"洗茶"。此外，对于那些带有杂味、青味或异味的茶叶，通过"洗茶"确实可以去除部分杂味，有时甚至需要反复冲洗多遍才能达到理想的效果。但若茶叶品质如此不佳，不饮用也许是更好的选择。

通过以上的介绍，你或许可以看出我对泡茶很不"工夫"。从纳茶到请茶，才五步。我常常以随意和自然为由。然而，如果你希望学习正宗的潮州工夫茶艺，可以考虑向非物质文化遗产的传承人请教，或者参观一些致力于推广工夫茶文化的场所。在这方面，潮府工夫茶博物馆做得非常出色。

关于工夫茶的精神，根据我这个外行人的理解，我认为它最能体现陆羽《茶经》中提出的"最宜精、行、俭、德之人"的观点。从择器、择水、择火、择时的讲究来看，工夫茶极大地表现了人对茶的敬畏及"精"的精神。而在纳茶、注水、侯汤以及均汤的各个环节中，工夫茶所体现的"行"的精神显而易见。此外，使用小碗小杯、少量茶叶进行多次冲泡的特点，进一步展现了"俭"的精神。最后，通过"意尽出"的表达方式和请茶的礼仪，完美地诠释了"德"的精神。因此，我认为潮州不仅继承了明代的工夫茶技艺，也很好地传承了中国茶道的精神内涵。

第七节
单丛茶的修行

"修行"一词在社会中广为人知，常用来描述个人的行为修养和精神修炼，然而当我们将修行与茶联系起来时，可能会觉得有些牵强。但事实上一种事物与其所处的人文背景是密不可分的。因此，我们探讨事物的修行，实际上是在分析该事物的哪些特性是由人的修行所塑造的，以及事物的表现形式与人的修行方式之间存在哪些关联性。

接下来，我们从"六度"的角度，探讨单丛茶与修行的关联。

1. 纯度

单丛茶因单棵单独制作而得名，纯度是其显著特点。每棵茶树都有其独特的个性，根据叶子形状的不同，可以区分出不同的品种。结合单丛茶制作工艺，能够得出不同的味道。单丛茶的制作工艺体现了"因材施教"的理念，淋漓尽致地展现了茶叶的多样性。正如俗话所说："没有做不好的茶，只有不会做茶的人。"

近年来，有人尝试将普洱茶的拼配理论应用于单丛茶上。然而，拼配只能掩盖茶叶制作不佳的缺陷，同时也会损失原本的优点，这完全背离了单丛茶的纯度本性。《茶经》中说："茶为累也，亦犹人参。"这句经典进一步强调了纯度的重要性。因此，只有追求纯正、纯真的品质，才能展现单丛茶的独特魅力。

2. 高度

高山的独特环境孕育了高品质的茶叶，尤其是单丛茶，其品质和价格深受海拔的影响。高山单丛茶以其独特的韵味，如毛味、匿味以及特有的"串"劲，深受消费者青睐。茶叶的生长周期随着海拔的升高而延长，这与高山低气温和较大的昼夜温差密切相关。此外，高山地区常年云雾缭绕，使得地衣苔藓寄生在茶树上，为茶叶提供了独特的毛味。因此，生长在乌岽村的茶叶，即便制作工艺平平，其价格往往也高于低海拔地区制作精良的同类产品。

3. 长度

单丛茶的长度指的是时间长短，如树龄的长短决定了茶叶的品质。老丛成为高贵单丛茶的代名词。此外，同一个品种的单丛茶，叶子生长周期的长短也会影响茶叶品质。周期越长，茶叶的滋味越丰富，这一点常与肥料的使用有关。俗话说"好茶，要困"，其实就是让叶子的生长周期更长一点。缺乏养分的茶叶，会呈现出一种怡人的气息，俗称"匿味"。

4. 温度

在单丛茶的生产过程中，温度对品质有着决定性影响。从种植、采摘、晾晒、摇青、置夜、炒青到烘焙，每个环节都需要根据温度的变化进行精确的控制。单丛茶产区有一句流传已久的话："茶比人舒服。"意思是好茶是被精心呵护出来的。从修行角度来看，温度就是爱。爱是人类共同的语言，是连接世界的桥梁。因此，我们常说："做人要有温度。"

5. 深度

深度是度上的度。纯度、高度、长度与温度，主要与原材料的优劣相关，是基础。而深度，则指的是工艺水平的高低。在制茶中，前四度条件再好，都需要靠深度来升华。现实中，优质的茶青在缺乏技术的人手中会被极大浪费，此常态着实令人惋惜。功夫深厚的师傅能够根据茶叶的现象、外界变化，灵活切换制茶手法，不拘泥于基础理论，仅将之作为参考，游刃有余地把控全程。

单丛茶制作，堪称一场让茶叶"浴火重生"的炼狱之旅，在反复"死去活来"间，求那凤凰涅槃之变。只有把握好节奏与平衡，才能确保让茶叶达到极致的转化而不会"死过头"。站在"修行"的视角观之，节奏与平衡，既是制茶时的定力，更映射了生命本质。正因如此，"做人、做事，当秉持节奏与平衡"，这句常谈之语，在单丛茶香里寻得生动注脚，蕴含质朴哲理。

6. 广度

广度代表了愿力，从单丛茶的种植方式到制作工艺，都体现了愿力。作为四大乌龙茶之一，单丛茶并未跟风机械化采制的浪潮，而是坚持自然种植方法和手工采摘制作，成为乌龙茶界的一股清流。在工艺上，单丛茶在传统工艺的基础上进行了升级，通过加深其成熟度和加重焙火，降低了茶叶的寒性，使其适合不同体质的人饮用，这便是单丛茶行业倡导的"工艺安全"。近年来，单丛茶的市场行情不断上升，正是因为其广大的愿力吸引了更多人的喜爱。因此，可以说"广度是检验的度"，你能服务多少人，就有多少人爱你。将广度理念应用于事业，则体现了做小事靠能力，做大事靠愿力的道理。

通过以上对"六度"修行的解析，我们可以看到单丛茶与人文之间的紧密联系，以及"六度"理念应用的广泛性。甚至可以用"六度"来评估人与茶的品质。因此，"六度"也成为我日常生活中观察人与事的重要标准。我曾以"六度"为主题，借助诗词创作帮助他人解决家庭矛盾，当事人对"六度"有着深刻的体会。在此，我愿与大家分享这首诗。

单丛韵

思恩缘起卅年栽，受禄才得五尺材。

勤勉方披满枝玉，悠然亦配半身苔。

风行不顾椿萱冷，雨沐均沾于嗣嗨。

若问西江惟六度，雾中有悟水花开。

单丛茶的修行现象与我们日常的生活或经营事业之间存在着深刻的联系。例如我们以"真、愿、信、行"的修行路径来梳理，会发现单丛茶的特性与修行的要素有着惊人的契合度，它能为我们的工作和生活提供宝贵的指导。

1. 真

单丛茶最吸引人的特质莫过于它的"真"。这一特质与单丛茶六度中的纯度相呼应。每一种茶都以其独特的花香，映射出其最纯粹的本性。然而，真正达到花香级别的单丛茶却少之又少。幸运的是，单丛茶产区的茶农们却如同他们所培育的茶一样，不懈地求真和较真。

2. 愿

"愿"代表着利他心，单丛茶行业倡导的"工艺安全"理念就是行业的利他。此外，在讨论单丛茶六度中的"广度"时，我们已经提到了"愿"的概念。正如西天取经的玄奘，他就是凭借着坚定的"愿力"，赢得了众多支持，成功取得真经。"愿"不仅提升了事物的价值，也丰富了我们的内心世界。在这个追求和谐共生的时代，"愿"是永恒的通行证，能够帮助我们通向更加美好的未来。

3. 信

"信"是什么？其内涵广袤，囊括对天地自然的尊崇、对因果循环的笃定，以及对宇宙运行规律的敬畏。心怀"信"之人，如舟行沧海有灯塔指引，不致迷失方向，亦不会莽撞行事、随波逐流，更常以赤诚之心待人，远离欺瞒与伪善。

在当今互联网浪潮席卷之下，茶行业经营格局剧变，往昔倚仗的信息差优势逐渐退场，经营者的价值核心，正从信息差过渡到认知差和价值差。这一变迁，恰是时代对"信"的急切渴慕与深切召唤，在此东风下，单丛茶秉持的求真、较真理念，恰似春芽遇甘霖，迎来蓬勃新机。

在本质上，"信"是心灵纯粹无染的映照。人因"信"而生敬畏，心因"信"而清净，清净才能见到自己。"信"其实是自己与自己的对话，是内心深处的灵魂叩问。

4. 行

在单丛茶的六度理论中，"行"与"温度"和"深度"紧密相连，这一点我们已经有所探讨。从社会角度来看，"行"如同一面镜子，反映出我们自身的水平，它承载着外界对我们能力和品质的认可。人们常说："人人说你行，才是真正的行。"被称赞为"行"便象征着卓越。

然而，"行"的意义远不止于此。它还包含了更深层的内涵。当本着慈悲心、利他心和清净心去做事时，就会产生一种欢喜心，它滋养内在的心灵。将内心坚定的"真、愿、信"付诸实践，这才是"行"的真谛。即人们常说的"知行合一"。由此可见，"行"既是修行的目标，也是修行的过程，"行"是我们每个人的追求。

第四章

结语篇

第一节

别说茶道

在 2022 年末之际，有一位热爱茶道的王先生，经朋友的引介，来到了我的工作室。

我们四人寒暄一番后便相继落座，我顺手摆置了四只茶杯与一套简约的无托盖碗，并用电水壶煮水。我以最简单且熟悉的方式，冲泡着我当年亲手制作的凤山黄茶实验品。

在品茗交流的温馨氛围之中，王先生忽然提出一个稍令我意外的问题："赖老师，您的茶道形式是怎样的？能否为我们展示一下？"他说完还扭头瞥了一眼陈列架上的煎茶、点茶器具，似乎有所期待。

我并未直接回应他的问话，而是向众人做了一个邀请喝茶的手势，喊道："喝茶。"

我饮完杯中之茶后又继续进行着冲茶添茶的动作。然而，室内的静谧似乎表明众人仍在期待我的回答。于是我边冲泡着茶，边开口回应道："王先生，可能有些误会。我并没有什么茶道形式。您现在看到的泡茶方式，是我最常用的。无论是在家中、旅行中，还是独自一人品茶时，我都是这样。"在将茶递给王先生时，我又补充道："这种泡茶方式在当下社会中也非常流行。"

介绍人听到这里，显得有些尴尬，也感受到了我这能把天聊死的低情商。王先生接着道："赖老师您过于谦虚了，我听说您乃是茶道大师。"

我本欲纠正"茶道大师"这一称呼，但觉得不必过分在意这等客套，便反问道："您觉得茶道大师应当是何等模样？"

王先生随即分享了他参加日本茶道研习班的经历与感悟。在聆听过程中，我也渐渐明白了他的意图。出于对远道而来的客人的尊重以及对王先生真诚态度的回应，我坦诚地分享了自己对于茶道的见解。

在形式方面，我曾坚信唯有全心全意地泡茶，方能品尝到最为真切的美味。但如今，我承认自己在泡茶时并不够专业，虽说我理解不同的材料与方法会让茶产生不同的味道，可我不愿为追求极致而过度讲究。同时，我又仍在不断探索制作工艺以提升茶之美味。这种矛盾表明，我在茶道上尚未入门。尽管我的不急躁、不马虎、不凌乱被一些朋友误认为是懂茶道的表现，但这种熟练程度仅能证明我对"茶道形式"有过追求。

在观念上，我认为茶道没有固定的形式。过于执着于形式的人往往会失去真正的道。当然，强调不执着本身也是一种执着。因此，我的观点也反映出我还未真正悟道、入道。

在结果上，我曾喜欢用"以茶会友"来形容自己的茶事态度，但随着朋友数量的减少，这进一步证明了我习茶的失败。更为糟糕的是，我现在越来越不喜欢交朋友了，独处反倒成为我最平常的生活方式。

在说话的同时，我也搬出了王先生翘首以盼的那些茶具，顺手为他们进行了一套点茶的操作。事后，我问道："王先生看了有何感想？"

王先生回答："赖老师的手法极为娴熟，心很定，为何要强调自己不懂茶道呢？"

我意识到王先生或许并未完全理解我的意思，或许他对"茶道就是泡茶仪轨"的理解过于执着。我不希望他大老远跑来却失望而归，于是我依照他的兴趣方向，汇报了自己对茶道的看法。

从狭义来讲，我将茶道定义为"茶之用"，其主要有两个层次。

第一个层次是"事上用"，即一切围绕茶事所能带给人们的利用价值，包括精神世界的关联和应用。例如，人们通过对茶事的淬炼，将其上升为一种载道、悟道的工具。日本茶道形式正属于这一层次。因此，从中华文化的视角来理解日本茶道，也仅仅是狭义上的茶道。

第二个层次是"性上用"，它涵盖了第一个层次的所有内容，但又不限于此。它包括从茶的一切现象、规律中总结出的对人的应用价值，包含精神层面的应用等。这个层面的茶道已然超越了饮茶形式，甚至在有些应用中根本没有茶。比如，中国传统婚姻流程中的各种茶礼，其中有许多环节并未用到茶叶，而是取茶性的寓意。此外，无茶之用还包括禅宗的"喝茶去"，其意义并非真的需要"喝茶"。故而，我对茶道的定义不会局限于某一种形式。

我之所以将"茶之用"定义为狭义的茶道，是因为"用"是以人为主体的认知和感应。然而，茶的存在绝不会仅仅基于人的感应。"茶之用"必然存在一些可以被感知但尚未被发现的，甚至一些是连人都无法感知的方面。这个层面的茶道既是茶的道，又回归了道的道。

广义的茶道无法用言语来描述，因为语言仅是认知与思想的表达工具。语言无法完全表达"道"的全部。

思想只是《道德经》中所说的"可道"。"道"能引思却非思，更非所思。因此，以思想去定义"道"必然是错误的，因为思想无法颠覆"思"和"想"的局限。

人对 "道"的认知障碍就如同常人在白天无法看见黑暗一样。这也是《别说茶道：茶人眼中的茶》命名的主要原因：除了声明是一家别说以外，还表达了'道'不可言说的本质。

　　《道德经》中说："知者不言，言者不知。"以上的夸夸其谈也暴露了我的无知。实际上，我在日常中对茶道的定义也越来越模糊。既然尚未彻悟，便唯有秉持"单丛茶的修行"一节里提到的"真、愿、信、行"四字要诀，一边践行，一边观照。我也暂且把这四字当作我的茶道精神，称之为"茶道四观"，且行且悟吧。

别说修行 第二节

在之前的讨论中，我们深入探讨了人与事物的修行，以及将"信、愿、行"视作修行的三大基石的修行理论，并且进一步探究了心灵修养、道德修养与习性修养。另外，我们还对日本茶道展开了讨论，其通过特定的形式与仪式，意在培育宁静、平和、专注以及超越等精神特质。

在接下来的探讨中，我们将不再局限于提升灵魂的品质与境界，或是探寻生命的价值与意义，而是转向探讨一种找寻自我、成就自我的路径尝试。我必须承认，我自身的写作能力有限，当下的论述或许还不够深刻。故而，我将此节命名为"别说修行"，这也充分表明了以下的分享仅是一己之见、浅薄之见。

找到自我，即触及"觉"的本质。基于此，我构建起了自己的思想体系，总结概括为"会当临觉顶"。然而，达到"觉"的见地仅仅是起点，而非最终的境界。因此，我将我修行的路径和方法概括为"一览众山小"，并计划在后续的讨论中进一步展开此主题。

在我的实践过程中，"一"的起点是兴趣。我也曾为寻找真正的兴趣而感到困惑。往昔，我错误地认为，只要是能赚钱的事情，我都会对其产生兴趣。

但随着时间的推移，我逐渐意识到兴趣与喜欢之间的差别。"欢"字意味着一种追求，一种对到来的期盼，这也就是我们常说的"欢迎"。而兴趣本身蕴含着喜悦，它是一种内在的、自发的驱动力。兴趣是价值观对灵魂的诱惑，也是天赋的体现。而爱，本质上是灵魂与价值观的相遇，故而通过兴趣能够开启爱的大门。找到自己的兴趣，便是找到了与自己灵魂共鸣的频率。

在现实生活中，我们会发现有些人对诸多事物都饶有兴致。倘若这些兴趣不属于喜欢的范畴，这反映出他们灵魂的弥漫以及价值观的多元。而那些对某一事物格外专注的人，则表现出他们灵魂对当下价值观的坚定认同。在我看来，那些找到了单一且纯粹、坚定不移认同之事的人，实际上已经找到了自己的中心。

在我的经历中，有一个值得分享的事例。2021年，我依据古籍中记载的凤山黄茶古法制作工艺，并结合多年来对制茶规律的深入探究，实现了制作工艺上的重大突破。我成功地将低山产区的普通茶叶加工成了具有高级口感的茶品。对这段经历的反思让我得出了深刻的结论：跳出原有的维度和规则，可以让秩序重新排列。这一发现促使我萌生出一个想法——我要做出世界上最好喝的茶。

然而，在2022年，我带着这一目标前往广东、云南等原材料昂贵的产区，采用我自认为最佳的工艺进行尝试时，却未能取得预期的效果。有趣的是，对于一些廉价山头的特定品种，运用相同的工艺却取得了惊人的成功。

这次经历让我得到一个宝贵的教训：即便最优秀的原料，也需要找到与其相匹配的频率。同样，即便是劣质的茶叶，在适宜的条件下也能绽放出独特的光彩。

这一发现让我联想到人生的道路：并非每个人的起点都相同，也并非每个人都能达到社会普遍认可的成功标准。但只要我们找到与自己契合的频率和路径，发现内心真正丰富的源泉，我们便能绽放出属于自己的美丽之花。

社会上许多人都有着向外探索的兴趣，这涵盖了对衣食住行、物质宇宙、信息世界、人工智能等领域的好奇与追求。这些探索往往触及物理世界乃至超物理世界的边界。而向内的探索则指向心理层面，其最终目标是超越物理和心理的局限，获得更深层次的自我认知。

在探索规律的道路上，茶给予了我不少的指引。特别是在生命探索这一领域，我获得了诸多启示。这让我坚定了我更深层次的兴趣就是"通过茶来实现边界的探索"。

道家哲学有一理论："其大无外，其小无内。"这是万物的本质和规律。若说"其小无内"即反向无穷大，那它与"其大无外"的交接点便是无穷小了。

这给了我一个重要启示：向内探索的路径或许可以在物质的无限小中开启。这将成为我未来在茶领域的探索方向。我的使命——了解生命，服务于生命——正是由此而生。

至此，我的体系中的"一"和"览"便能够阐释清楚了。"一"就是中心，就是使命；"览"就是带着中心去行事。

"山"这一概念源自我对实现"愿"所面临的两大障碍，即惰性与不信的深刻洞察。

惰性，常表现为遇到点困难就觉得自己时日还多，先放自己一马，过阵子再来修，痴迷的人总是喜欢找各种理由。

不信，则常表现为遇到困难了就想着把"愿"改一改。

鉴于我的"愿"如此宏大且看似遥不可及，于是我设定了阶段性的愿景：致力于推动全国制茶行业高度重视健康，消除有害的"寒气"以及农药残留等问题；致力于相关技术的研究与推广，持续探索不同茶类的工艺创新。在这一过程中，原本极为宏大的"愿"被拆解为阶段性可触及的"山"，"山"在此代表着具象化的目标与愿景。由此可见，一个明晰的总体目标不但指明了方向，亦明确了路径，它能够激发热情与动力，减少不必要的内耗，助力人们更有效地管理时间与资源，甚至吸引更多的缘分与助力。此即为"山"所蕴含的深远意义。

　　为达成"山"之目标，我进一步细化并完善了"一体、二才、三兵、四战、五高"的模式体系，这不但强化了我在策划领域的专业能力，亦使整个模式更为系统化与可执行。

　　在体系的构建中，"小"发挥着至关重要的作用。在表象层面，"小"与"山"是相互对立的，"山"是由愿而衍生出的目标，亦是从侧面检验修行成果的方式。而"小"便是让我们明晰目标与愿的差异以及两者的合一。

后记

当我终于为这本书写下最后一笔时，心中可谓感慨万千。撰写这本书的整个历程，不仅是与茶的深度对话，更是与自身的灵魂对话。

回想写作伊始，心中既忐忑，又不乏期待。这是我首次尝试将思绪与经历汇集成书，对于写作规则以及出版流程，我近乎一无所知。

在翻阅朋友的著作时，我留意到他们往往会在后记里感谢那些给予他们帮助的人。然而，我为人不算好，朋友也不多，通讯录中的名字都屈指可数，都不知该去感谢谁。

其实智慧的您肯定看得出我是个小气之人，连说句感谢的话都这般吝啬。不过有一个人，我必须向他表达我深深的谢意——我的恩师，胡大平先生。他治好了我的病，改变了我的命运；教导我如何做人，指引我怎样做事；包括这本书能够呈现在您的面前，也全赖于他布置了写作的作业。

对于胡老师来说，我的感谢实在是微乎其微。他对每一位学生都给予了平等且无私的关爱，不图任何回报。他老人家淡泊名利、清心寡欲，却偏偏又有着一颗乐于助人、普度众生的心。能够成为他的学生，实乃我三生有幸。

在撰写本书的过程中，我深切体会到胡老师所倡导的"三经理论"：人生要尽快阅读经典、积累经验、找到经师。这三者，乃是成长的捷径。而胡老师，就是我生命中的那位经师。他宛如导航仪、防火墙、加油站与医生，总是能在我人生的关键节点，为我提供最为精准的指引和最为贴心的支持。他也时常给我棒喝，让我迅速进入本质思考，减少我的错误，使我节省了生命，以至于我这样一个平凡、庸俗且愚蠢的人也能够自主地选择生活方式，甚至还有些能力去帮助他人。

我再次向胡老师表达我由衷的感谢。虽说我时常言语啰嗦，但这份感激之情却无比真挚。胡老师，谢谢您！

这本书耗费了我长达七年的时间。在写作过程中，我不断推敲、反复修改，力求完善。但我深知，由于自身学识有限，即便我已竭尽全力，书中定然仍有诸多疏漏与不足之处。故而，我恳请各位读者批评与指正。

在初稿完成后，我曾携稿件向相关领域的专家和从业者请教，收获了诸多宝贵的批评与建议。我虚心接纳，并据此对相关内容进行了调整。

此外，还有权威人士建议我在写作之前，应广泛阅读相关书籍，以确保内容的全面与准确。

这诚然是一条极其宝贵的建议。我曾打趣地回应他："我不过是个无名小卒，所写之书鲜有人关注，影响力有限。况且，即便我再学习数年，恐怕依旧难逃浅薄之嫌。"

虽是玩笑之语，但我内心深知，写作不仅是自我提升的过程，更是与读者心灵沟通的桥梁。因此，我在心中暗自立志：十年后将续写《再别说茶道》。届时，我期望能够纠正当下的不足。

最后，我要感谢所有为这本书的出版付出努力的人，感谢陈亮嘴先生为本书出版出谋划策与赞助！同时，也感谢在这一过程中给予我支持与帮助的每一位朋友。是你们的鼓励让我坚持到了最后。我还要感谢每一位读者抽出宝贵时间阅读我的作品，有您的陪伴，是我最大的荣幸。

附录

国家级非物质文化遗产代表性项目"潮州工夫茶艺"冲泡程序

1. 备器（精心备器具）

将器具摆放在相应位置上，俗话说"茶三酒四"，茶杯呈"品"字形摆放。

2. 生火（榄炭烹清泉）

泥炉生火，砂铫添水，添炭扇风。

3. 净手（沐手事佳茗）

烹茶净具全在于手，洁手事茗，滚杯端茶。

4. 候火（扇风催炭白）

炭火燃至表面呈现灰白，即表示炭火已燃烧充分，杂味散去，可供炙茶。

5. 倾茶（佳茗倾素纸）

所使用的素纸为绵纸，柔韧且透气，适合炙茶提香。

6. 炙茶（凤凰重浴火）

炙茶能使茶叶提香净味。炙茶时，茶叶在炉面上移动而不是停留，中间翻动茶叶一到二次至闻香时香清味纯即可。

7. 温壶（孟臣淋身暖）

壶必净、洁而温。温壶，提升壶体温度，益于增发茶香。

8. 温杯（热盏巧温杯）

温杯要快速轻巧，轻转一圈后，务必将杯中余水点尽，是潮州工夫茶艺独特的温杯方法。

9. 纳茶（朱壶纳乌龙）

纳茶时，将部分条状茶叶填于壶底，细茶末放置于中层，再将余下的条状茶叶置于上层，用茶量占茶壶容量八成左右为宜。

10. 润茶（甘泉润茶至）

将沸水沿壶口低注一圈后，提高砂铫，缘壶边注入沸水，至水满溢出。

11. 刮沫（移盖拂面沫）

提壶盖将茶沫轻轻旋刮，盖定，再用沸水淋于盖眉。

12. 烫杯（斟茶提杯温）

运壶至三个杯子之间，倾洒茶汤烫杯，然后将杯中茶汤弃于副洗。提高茶杯温度。

13. 高冲（高位注龙泉）

高注有利于起香，低泡有助于释韵，高低相配，茶韵更佳。

14. 滚杯（烫盏杯轮转）

用沸水依次烫洗茶杯。潮州工夫茶讲究茶汤温度，再次热盏必不可少。

15. 低斟（关公巡城池）

每一个茶杯如一个"城门"，斟茶过程中，每到一个"城门"，需稍稍停留，注意每杯茶汤的水量和色泽，三杯轮匀，称"关公巡城"。

16. 点茶（韩信点兵准）

点滴茶汤主要是调节每杯茶的浓淡程度，手法要稳、准、匀，必使余沥全尽，称"韩信点兵"。

17. 请茶（恭敬请香茗）

行伸掌礼，敬请品茗者品茗。

18. 闻香（先闻寻其香）

用拇指和食指轻捏杯缘，顺势倾倒表面少许茶汤，中指托杯底端起，杯缘接唇，杯面迎鼻，香味齐到。

19. 啜味（再啜觅其味）

分三口啜品。第一口为喝，第二口为饮，第三口为品。芳香溢齿颊，甘泽润喉吻。

20. 审韵（三嗅审其韵）

将杯中余水倒入茶洗，点尽，轻扇茶杯后吸嗅杯底，赏杯中余韵。

21. 谢宾（复恭谢嘉宾）

茶事毕，微笑并向品茗者弯腰行礼以表谢意。

参 考 文 献

[1] 冈仓天心.茶之书 [M].徐恒迦，译.北京：中国华侨出版社，2003.

[2] 冈仓天心.茶之书 [M].柴建华，译.重庆：重庆大学出版社，2018.

[3] 陈鼓应.老子今注今译 [M].北京：中华书局，2020.

[4] 桑田忠亲.茶道六百年 [M].李炜，译.北京：北京十月文艺出版社，2015.

[5] 奥田正造，柳宗悦，等.日本茶味 [M].王向远，译.上海：复旦大学出版社，2018.

[6] 赵佶.大观茶论 [M].北京：中华书局，2013.